猫に愛される人になる

服部幸
Hattori Yuki

MdN Corporation

はじめに

猫は、マイペースで気まぐれ。さらりと身をかわし逃げて行ったかと思うと、気が向くと横にやってきて甘えてみたり……。少しわがままでいたずらもするけれど、寂しがり屋。人間から見ると、「何て気まぐれなんだろう」と感じることもありますが、その不思議な行動には猫なりのちゃんとした理由があるのです。それを汲み取ってあげることで猫との絆が深まるのではないでしょうか。

猫と人間は9000年以上も前から一緒に暮らすようになったといわれています。あまりにも身近な存在のため、私たちは人と猫の気持ちは違うということを忘れがちです。よかれと思ってしてあげたことが、猫にとっては迷惑であることがたくさんあります。猫は我慢強い動物ですから、そんなときはじっと耐えているのかもしれません。

人間側は楽しい猫との暮らしが送れても、肝心の猫が満足していないのだったら、こんな悲しいことはありません。猫と一緒に暮らしているのに、なかなかなついてくれないのも、もしかしたら無意識のうちに、あなたが自分（人間側）の都合を押しつけているからかもしれません。

本当はどうしたいのか？

どうされるのが望みなのか？

それを知るには猫の性格や行動、しぐさ、体に表れるサイン、ちょっとした鳴き声や表情の変化を細かく見てあげることです。そして何より、猫に寄り添い、猫の立場に立って考えることが大切なことだと思います。

「猫の気持ちを知りたい」――これは猫が好きなみなさんにとって永遠のテーマです。猫の気持ちを理解し、猫とのよりよい関係を築くことで、猫も喜び人もうれしくなる。つまり猫も人もハッピーになれます。本書が、そんな幸せな猫との生活のためのヒントになれば幸いです。

いま、猫と暮らしている人、これから猫を迎えようとしている人、少しでもみなさんのお役に立つことができれば、これほどうれしいことはありません。

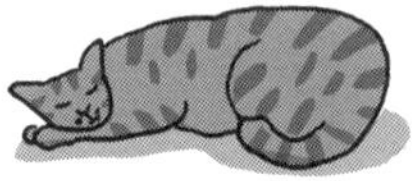

CONTENTS

序章　猫に好かれる人、嫌われる人のちがいはどこにあるの？

第1章 猫と仲良くなれるコツ

PART 1 猫ってどんな生き物なの？

PART 2
猫それぞれでちがうクセや好み

第2章 猫の気持ちを知る

PART 1 かわいいパーツに隠された猫の不思議

PART 2 猫のしぐさ、行動から気持ちを読み解く

PART 3 猫ががまんしているサインを見逃さない

第3章 いつまでも猫と楽しく暮らすコツ

PART 1 健康で長生きしてもらう方法

PART 2

猫がおいしいと感じる食事

PART 3 さまざまな危険から猫を守る

第4章 猫の幸せ、私たちの幸せ

PART 1 猫は飼い主を選んでいる？

PART 2 いつかくる「さよなら」のために

序　章

猫に好かれる人、嫌われる人のちがいはどこにあるの？

愛があるのに嫌われる人、猫が苦手なのに好かれる人

猫のことが大好きなのに、なぜか嫌われてしまう人がいます。その一方で、何もしなくても猫が寄ってくる人や、猫が苦手なのに、なぜかなつかれるという人もいます。猫好きにとっては、少々妬ける話ですね。

猫と楽しく過ごしたいと思う人なら、猫に好かれたいのは当然です。でも、なぜかそっぽを向かれてしまうのは、もしかしたら、あなたが知らず知らずのうちに、猫に嫌われることをしているからかもしれません。

では、猫に好かれる人と嫌われる人とでは、どのような特徴や行動のちがいがあるのでしょう。

たとえば、かまってほしくないときに、抱きしめて頬ずりをしたり、むやみに名前を呼んだり、あるいは過度なコミュニケーションをとろうとするのはNGです。これは猫好きが高じて、ついついやってしまう行動ともいえそうです。

猫は自由気ままでマイペースを崩されたくない生き物です。そのため、自由にさせてくれる人のほうを好みます。その人の近くにいても、無理やり触られたり、眠りを妨げられたりしない。つまり自分のことを気にしないで放っておいてくれる人に、猫は安心して寄ってきます。

また、高い声でゆっくりと話しかけるほうが、猫に好かれるようです。

一般的に、「猫は女性になつきやすい」といわれますが、その傾向はあるかもしれません。猫は男性の低いトーンの声よりも、女性の高い声に反応しやすいという聴覚の特徴を持っているからです。

猫の耳は、小さな音を増幅して聞き取る機能を備えていて、最もよく増幅される音域は子猫の鳴き声に相当する２０００〜６０００Hzです。

一方、人が話す声は、およそ２００〜４０００Hzです。猫は、高音域は明確に聞き取れますが、低音域になると聞き取りづらくなり、特に５００Hz以下では反応が鈍くなります。そのため、男性の低い声よりも、女性の高い声のほうが聞き取りやすく、敏感に反応してくれるといった説があります。猫にとって高い声は子猫の声のようでもあり、安心感があるのでしょう。

このことから、女性のほうが猫とコミュニケーションをとりやすく、それが「猫は女性になつきやすい」といわれるゆえんなのだと思います。

でも、あまり気にすることはないと思います。声の質や男女の性別に関係なく、猫の自由を妨げず、いつも優しく接することで、猫は自然となついてくれますから大丈夫です。

その行動、実は猫に嫌われます

子どものように甘えてくるかと思えば、気持ちよさそうになでられている途中でプイッといなくなったり、意味不明な行動をとったり……。とても気まぐれなのが、猫の特徴です。そんなマイペースな猫を人間の思い通りにコントロールしようとしても、それは無理な話です。猫と楽しく幸せに暮らすためには、「猫が嫌がることはしない」ことが基本中の基本です。

こういうと、読者のみなさんは、「もちろん、そんなことはしていませんよ」とおっしゃると思います。でも、猫に対する日頃の自分の行動をよく思い出してみてください。

寝ているさなかに毛をなでたり、「○○ちゃーん」と大きな声で名前を呼んで抱き上げたり……、心当たりはありませんか？　自分では愛情表現だと思っていることでも、実は猫にとっては嫌なことなのかもしれません。

猫は、なでてほしいときになでてもらったり、ブラッシングをしてほしいときにブラッシングをしてもらうのはたいてい好きですが、顔を見るたびに抱っこされたり、なで回されたりするのは苦手です。

そんなとき、嫌がってツメを立てる猫もいれば、じっとがまんしてしまう猫もいます。どちらにしても、こうした過剰な「ベタベタ愛」は、猫にとって大きなストレスになると思います。

また、猫は静かな環境を好みます。ドアを乱暴に閉めて大きな音を出したり、歩く音がうるさかったり、大きな声を出したりすることを嫌います。急に立ち上がる、おおげさな身振り手振りをする、予測できない動きをする、なども、猫を驚かせているかもしれません。

猫は、こうしたことを威圧されているように感じ、気分が落ち着かなくなります。

猫が好きなのは「嫌いなことをしない」人

「猫に愛される人」になるためには、前出のような猫が嫌がることをしないこと。そして、次の5つが大切です。

①自由気ままにさせる
②穏やかに見守る
③一緒に遊ぶ時間をつくる
④ときどき声をかける
⑤満足できる食事を与える

これらを意識した上で猫と接してみてください。

猫は好きなときに、好きな場所に自由に行きたいと思っています。1日中ケージに閉じ込めたり、出入り禁止の場所をたくさんつくってしまうとストレスを溜めてしまいます。

また、人間側の都合で、ツメとぎやスリスリ、毛づくろいなどをやめさせようとするのはタブーです。こうしたことは本能による行動ですから、叱られた側にとっては「理解できない」ことなのです。

住宅環境が許す範囲で、できるだけ自由にさせてあげてください。そして、あまり神経質にならず、寛容さをもって穏やかに見守ることです。

遊ぶことも猫にとってはとても重要な意味を持っています。1日1回は一緒に遊んであげましょう。猫は、野生では虫や鳥、ねずみなどの小動物を狩って生活していました。遊びはその狩りの訓練の要素もあり、狩猟本能を適度に刺激するため、精神衛生上もよい効果があります。

年をとってくると運動量が減りますが、子猫のうちから一緒に遊ぶ習慣をつけておくと、中年期（11〜14歳）になってもある程度遊びの誘いに乗ってくるので、肥満や運動不足の予防にもなります。

ときどき声をかけることは、「きみのことをいつも見ているよ、大事に思っているよ」という意思を伝える意味で大切です。その気持ちが感じられれば、猫も安心して過ごすことができます。

食事は猫にとって楽しみの1つ。詳しくは第3章で説明していきます。

猫は人をどう見ているのか

猫は私たち人間をどんなふうに見ているのでしょうか。

たとえば、犬はもともと群れで生活し、リーダーのもとで主従関係を厳格に守って暮らしてきたため、飼い主さんのことを群れのリーダーとみなし、リーダーの指示を待って、忠実にそれに従います。

一方、猫はもともとが単独行動型の動物です。人に飼われている猫もその習性は変わらず、多くの場合、食事やトイレの掃除など必要なこと以外は人間に頼りません。だからといって、飼い主さんのことをまったく無視しているわけではありません。ふだんは放っておかれるくらいの、付かず離れずの距離感が心地よいと感じながらも、甘えたいときは思いっきり甘えてくるのも猫なのです。

ただ、犬と決定的に違うのは、猫は飼い主さんを「主人」とは思っていません。そもそも「主従関係」という概念がないようなのです。

飼い主さんに対しては、親猫のような気分で接しているといったほうがよさそうです。そのため、「おなかがすいた」と鳴けば食事が出てくるし、「ドアを開けて」とガリガリやれば、開けてくれるものと思っています。どちらが「主」かといえば、明らかに猫ですよね。

よく、猫に対しても、犬のようにしつけを考える人がいます。

ある程度、家のルールや人間の都合に合わせてもらいたいと思うのでしょうが、それはいまお話しした猫の習性から、ほぼ不可能です。やってほしくないことをした猫に「ダメ！」と強い口調で叱っても、猫は大声を嫌う生き物です。嫌な思いをしたことだけが記憶されて「何をしたらいけないのか」まではなかなか学習してくれません。

もし、これからあなたが、猫を迎えようとしているのなら、まず新しい環境に慣れてもらうことを第一に考えてあげましょう。そして、猫の性格をよく理解し、飼い主さんに気をつけてほしいことは次の３つです。

①猫が嫌がることはしない
②自分がされて困ることは、しないように工夫する
③問題が生じないように、予防法を考える

猫と暮らすということには、されては困ることもある一方で楽しいこともたくさん増えます。飼い方やしつけにこだわるより、あなたと猫が幸せに過ごすことのほうが大事なのではないでしょうか。

第1章

猫と仲良くなれるコツ

テリトリーを守るためのマーキング

好きなときにお昼寝をして、おなかがすいたらご飯をねだる。猫って優雅で自由気ままでうらやましいと思う方は多いでしょう。

そんな猫はもともと単独行動型の狩猟動物で、生きるためには獲物を捕らえなければならず、捕食のための狩りをするには、自分の縄張りを常に確保しておく必要がありました。そのため、平和で気楽な飼い猫の身分になった現在も縄張り意識が強く、自分の縄張りであることをアピールするマーキングを行うのです。

マーキング行動にはさまざまなものがありますが、代表的なのはスプレーと呼ばれる尿をかける行動です。これは特に去勢をしていないオスに目立つ行動で、お尻を向けて、しっぽを上げたかと思うと、プルプルッとお尻を震わせ、それこそスプレーのようにシャーッと尿をかけるのです。生理的な排尿とはちがい、存在を主張する目的があるため、そのにおいはかなり強烈です。このスプレーの効力は24時間程度といわれています。そのためなのか猫は毎日自分の縄張りのパトロールに出かけ、マーキングをし直してくるのです。これは室内で暮らしている場合も同様で、家の中を順繰りに歩いて回るのもそのためなのです。

スプレー行為は、去勢手術をすることで、かなり抑えることができます（それでも完全になくならないこともあります）。メスの場合は、もともとスプレーが少ないものの避妊手術をしてもオスと同様に完全になくすことはできません。

スプレーだけでなく、ツメとぎもマーキング行動の一種です。猫の肉球には、強いにおいを放つ臭腺《しゅうせん》があります。ツメとぎをすることでそのにおいをつけ、自分の縄張りを主張しているのです。また、ツメ痕にも縄張りを主張する意味があります。そのため壁や柱などでツメとぎをするときは、できるだけ背伸びをして高い位置にマーキングをして、「こんなに大きな猫だぞ」とアピールします。一方、好意を寄せる相手には「ここにいますよ」というアピールの意味になります。さらに、ツメとぎには、ジャンプに失敗したり、ちょっかいを出されたりなどの「ちょっと嫌なこと」があったときに、気分を切り替えるリフレッシュの意味もあります。

ツメとぎへの具体的対策としては、壁などに猫のツメが立たないアクリル板などを貼る、ツメとぎ板を設置する、あるいはどうしても猫にガリッとされたくない場合は、いわゆる猫よけスプレーを試してみるのもよいでしょう。しかし、ツメとぎは本能の行為なので、ある程度は避けられたとしても、完全にやめさせることはできません。困る気持ちはわかりますが、寛大な気持ちで受け入れてほしいと思います。

猫から人へのごあいさつのサイン

ふだんは、自分のペースで好きなように過ごしている猫が、甘えたようにスリスリしてくると、思わず抱きしめたくなるほど愛おしく感じてしまうものです。愛猫家が「スリスリ」と呼ぶこの行動も、実は猫から人へのごあいさつと考えられています。

猫の体にはにおいを発する分泌腺（臭腺）が複数あります。猫の額、耳の付け根、顎の下、口の周り、しっぽなどをスリスリとすりつけるときの気持ちは2つあるといわれていて、1つは「ここはわたしの縄張りですよ」というマーキング行為。

もう1つは、「やあ、元気？ 何してたの？」と親しい人と交わすハグのような行為です。これは飼い猫だけでなく、敵対関係にない野良《のら》猫同士でも見られることがあります。複数の猫と暮らしている方は、猫同士が頭と頭をくっつけてこすり合っているのを見たことがないでしょうか。これは猫のあいさつの典型で、お互いのにおいを確認しながら、仲良しであることを確かめ合っているようです。

また、飼い主さんの手に頭をすりつけてくる猫もいます。猫は本当は頭と頭をくっつけたいのに、身長差があるためちょうどいい高さにある手に頭でチョンチョン、スリスリしてあいさつしているのです。

スリスリのごあいさつには、ときに飼い主さんに甘えたり、おねだりしたりする意味も含まれています。ご飯やトイレの掃除など、飼い主さんにやってほしいことがある場合、「おはよう、おなかがすいちゃったから、そろそろご飯にしてね」とごあいさつの流れで要求を伝えているのです。

猫がキャットタワーや冷蔵庫の上が好きな理由

猫は高いところが大好きです。専用のベッドがあるにもかかわらず、なぜか棚の上で眠ったり、高い場所から飼い主さんを得意げに見下ろしていたり……。そんな様子はとても愛らしいですよね。

なぜ高いところが好きかというと、これも猫特有の習性の1つで、単独で狩りをしていたことの名残といわれています。猫は肉食動物としては小型で身が軽く、木登りも得意です。野生では、敵となる大型の肉食獣が登ってこられない木の上を安全な隠れ家とし、しばし安息の時間を持つことができました。

基本的に猫は俊敏で、危険を察知するとすぐに逃げる性質を持っています。そのためには周囲を広く見渡せて、自分で安全を確認できる場所を好むのでしょう。また、木の上に身を隠しながら、鳥が枝にとまるのを待ったり、地上に獲物が来るのを見張るためにも、高いところは好都合の場所だったのだろうと思います。

一方、高いところは、猫にとって優越感をもたらす場所でもあるようです。高い場所に登るためには、強靭な体やバランス感覚が必要です。そのため、どうやら猫は、上下の位置関係で優劣を決めているようなのです。強い猫は高い場所から見下ろして威嚇《いかく》し、弱い猫は一段低いところでさらに体を低くします。猫が飼い主さんに対し、ひっくり返っておなかを見せるポーズをとることがありますが、これは服従や降参のサインではありません。実は猫には降参はなく、戦うか逃げるかの二者択一のため、「闘争か逃走」などといわれています。

逆に同じくらいの強さの猫同士の場合、形勢不利だった猫が高いところへ移動すると、たちまち優劣が逆転するということも起こるようです。

猫のこうした習性を満足させるために、高いところに安全な居場所を確保してあげるとよいでしょう。よく登っているお気に入りの場所（本棚や食器棚）があるのなら、落下してしまうと危険なものを片付け、ゆったり体が収まるスペースをつくってあげましょう。その際はお目当ての場所へ登るための安全なルートも確保しましょう。階段状の段差ができるように、家具の配置を工夫してみてください。キャットタワーや、もし可能であればキャットウォークを設置するのもおすすめです。

小さなお子さんのいらっしゃるご家庭の場合、子どもの手が届かない高さのタワーを設置し、猫が安心できるパーソナルスペースをつくってあげるとよいでしょう。

🐾 狭くても大丈夫！　猫がゴキゲンになれる場所

猫は狭いところも大好きです。ちょっとした隙間や空箱、紙袋など、「なぜわざわざそんな狭いところに？」と思うような場所に好んで入ります。

この習性も野生のときの名残で、周りが囲まれていて、外敵に発見されたり襲われたりする危険のない穴ぐらのようなスペースは、安心して休息できる場所だということを知っているのです。よく観察すると、狭いところに入ってもクルッと回転して入り口に顔を向けることがわかります。これは休息するときでも警戒しているということだと思います。

また、猫は狙っている動物に気づかれないように、岩場などの狭いところに隠れます。狩りをした後、他の動物に獲物を横取りされないように、狭いところへ移動してから食べることもあります。そのとき食べきれなかったものを隠すこともするようです。平和な生活を送っている飼い猫も、こうした野生の本能はずっと残っているのです。

猫を喜ばせて、ともに楽しく暮らすには、この本能を刺激してあげたり、本能の欲求を満足させてあげることがコツです。家の中にも穴ぐら的な安心できる隠れ家をつくってあげましょう。穴ぐら風に使えるペットグッズも市販されていますが、段ボール箱に入り口だけつくって廊下の隅に置いたり、クローゼットの奥にキャリーケースのふたを開けておくのもいいかもしれません。要は、そこで猫が落ち着ける空間であれば十分です。

猫が吐くのは習性なの？

猫は吐きやすい動物で、健康なときでも吐くことがあります。その理由の１つに、食道や胃が他の動物に比べて嘔吐しやすい構造であることが挙げられます。

ある程度の期間、猫と一緒に暮らしたことのある人ならともかく、猫を迎え入れたばかりの人は、猫が吐く姿を見て、びっくりした経験があるかもしれませんが、健康時でも吐くことはあります。それらは、毛玉の吐き出しや早食いで胃液と混ざってふくらんだフードを吐くケースが大半です。

猫は頻繁に毛づくろいをします。毛づくろいには、体表の汚れを落として清潔にすることや自分のにおいを消すこと、さらに体温調節などの目的があり、リラックス効果もあるようです。毛玉を吐くのは、その毛づくろいのときに飲み込んだ毛を排出するためで、これは病気でも何でもなく生理現象の１つ。猫の健康にとって非常に大切なことです。通常、猫が飲み込んでしまった毛は腸管を通り、便と一緒に排泄されますが、量が多いと胃の中に溜まってしまい、毛玉として吐き出すのです。吐く頻度は、猫によって個体差があります。まったく吐かない猫もいれば、長毛種や、抜け毛が増える換毛期《かんもうき》は1日に数回吐く猫もいます。特に、長毛種の場合は、毛玉が溜まるリスクが高いので、ふだんからまめにブラッシングをするなど、毛玉対策を行うことをおすすめします。

長毛種に比べ短毛種は毛が抜けにくいのでは？　と思われがちですが長毛種も短毛種も抜ける本数に変わりはありません。ですが、毛の長さが異なるため抜け毛の量にちがいが出ます。

猫が繰り返し毛玉を吐く場合は、ストレスなど何かしらの原因があるのかもしれません。

危険なのは、猫は吐くのが当たり前という思い込みです。繰り返し吐いて、食欲もないようなら、何らかの病気にかかっている可能性もあります。特に内臓疾患を抱えている場合には、嘔吐症状が表れることがあります。病気のサインを見逃さないよう、日頃から吐く頻度をチェックしておくとよいでしょう。

🐾抜け毛と上手に付き合おう

猫と一緒に暮らす中で避けられないのが抜け毛の問題です。気がつくと服は毛だらけ、湿気の多いときは、ちょっとなでただけでも、手や顔に毛がくっついてしまう。まめに掃除をしているつもりでも、あちこちに毛が集まって、綿ぼこりのように溜まってしまいます。

猫が換毛期（主に春と秋）に入ると、古い毛が大量に抜けて、新しい毛に生え変わりますが、それ以外にも一年中たくさんの毛が抜けて生え変わっています。初めて猫と暮らす人は、毎日こんなに抜けて大丈夫なのかと思うかもしれませんが、抜け毛は新陳代謝によるものなので、心配はいりません。

抜け毛対策で最も簡単で有効なのはブラッシングです。短毛種の場合は、ラバーブラシで毛並みに沿って背中からお尻、おなかをブラッシングし、顔まわりや足はコームでとかします。ラバーブラシは、抜け毛がブラシに張り付きやすく、後処理が比較的簡単です。

長毛種の場合は、どうしても汚れがつきやすく、毛がもつれやすいので、抜け毛対策以前に毎日のブラッシングが欠かせません。コームやピンブラシで、全体の毛をとかして、毛玉やもつれをほぐしてあげるとよいでしょう。このとき、背中からお尻に向かってとかし、抜け毛を除きながら、もつれを細かくほぐしていきます。

ただし、なかにはブラッシングを嫌がる猫もいます。そういう場合は、時間をかけて少しずつブラシに慣れさせましょう。

注意が必要なのは猫の抜け毛が多すぎるときです。皮膚病や内臓疾患の可能性がありますので、ふだんよりも抜け毛が気になったら獣医師に相談してみてください。

癒しの音、ゴロゴロは甘えのサイン

猫が、膝の上で目を閉じて、気持ちよさそうな顔でゴロゴロと喉を鳴らしていると、それだけで幸せな気分になるものです。

この猫特有のゴロゴロ音は、もっぱらリラックスして機嫌がいいときに発するもので、飼い主さんになでられているときや、誰かに甘えたいときもよく鳴らします。また、ご飯を食べているときにもゴロゴロと喉を鳴らしますが、これも幸せな気持ちや満足感を表現していると考えられます。

ほかにも、「遊んでくれるの?」とか「ご飯を用意してくれるの?」など期待でワクワクしているときにも鳴らすことがあります。「おなかがすいた、ご飯がほしい」「ドアを開けて」「遊んで」など、自分の世話をしてくれる人間に特定の要求を伝えるためにゴロゴロ鳴らすこともありますが、そういうときのゴロゴロはそうでないときのゴロゴロに比べ、少し高い音になりがちだといわれています。

一方、ゴロゴロ音は、危機に直面したときや苦しいときにも発せられることがあります。たとえば、けがをして体が痛むときや、具合が悪いとき、分娩のときなどで、ゴロゴロが痛みを和らげたり、呼吸を整える助けになっているという説や、加えてゴロゴロが生み出す低周波振動が骨や腱などのけがの治癒を促すという説もあります。このまた、ストレスや不安を感じたときにもゴロゴロと喉を鳴らすことがあります。このときのゴロゴロは、自分を落ち着かせるための方法だといわれています。

猫が最初にゴロゴロ音を発するのは、まだほんの子猫のときです。母猫とコミュニケーションをとり、親密な関係を結ぶための手段として、子猫は生まれてからわずか数日でゴロゴロし始めます。ゴロゴロの響きは「オッパイ、ちゃんと飲んでるよ」という信号として母猫に伝わり、お乳の出をよくする効果もあるといわれています。おとなの猫でも、人のベッドの中に入ってきて、盛んにゴロゴロ鳴らすときは「赤ちゃん返り」して甘えた気分になっていることが多いので、そのつもりで、やさしく受け入れてあげましょう。

猫は快適・清潔なトイレが好き

猫は非常にきれい好きで、トイレにこだわりがあります。トイレを教えること自体は他の動物に比べると楽ですが、トイレ環境のわずかな変化にも敏感で、それをきっかけにトイレを使わなくなったり、失敗が起きやすくなることもあります。

猫は用を足した後、砂をかけて始末しますが、これは自分のにおいを消して、獲物や外敵に場所を悟らせないようにするための本能といわれます。でも、砂はかけても容器に溜まった排泄物の始末はできませんから、放っておけば排泄物がどんどん溜まり、砂にもにおいがしみついて悪臭を放つようになります。

そんな状態に猫は耐えられません。トイレ掃除は朝夕1日2回（最低でも1日1回）は必ず行って、常に清潔な状態を保つようにしてください。

トイレ掃除をまめにすることは、猫の健康管理の面でもとても大事なことです。排泄物は健康のバロメーターといいますが、特に猫は泌尿器系の病気にかかりやすいので、掃除の際は尿や便の色、量、回数、においなどをしっかりチェックしましょう。血尿が出たり、便に血が混じっていたり、軟便が続いたり、あるいは尿の回数が急に増えたり、逆に極端に減ってきたときは病気のサインですから、早めに動物病院を受診してください。トイレの容器も、猫にとっては重大なものです。では、猫にとって理想的なトイレとはどのようなものなのでしょうか。野良猫が外でのびのびと用を足しているのを参考に検討した結果、およそ次のようなものと考えられます。

［理想のトイレとは］

・大きさは体長の約1・5倍以上（体長＝頭の先からお尻までの長さ）
体長と同じくらいの大きさしかないと、ゆったり用を足せません。いつもトイレの縁に足をかけて使用しているようだと、小さすぎる懸念があります。

・深すぎず浅すぎないもの
砂がたっぷり使えて、かつ深すぎないもの。浅すぎると使用後に砂かけをしたとき砂が飛び散りやすく、すぐ底が現れるので、尿が底面に広がってにおいがつきやすくなります。

・できれば屋根なしのオープンタイプ
屋根付きトイレは、猫にも窮屈な感じを与え、においや湿気がこもりやすいという難点があります。また、トイレ中は無防備になるので、周囲の見通しがいいほうがいつでも逃げられるため、猫は安心する傾向があります。

・トイレ砂はなるべく自然に近いもの
数種類の砂を使って猫がどれを選ぶか実験した例では、自然の状態に近い鉱物系を選ぶことが多いということです（トイレ砂については3章でも紹介します）。

・猫の数＋1個を用意

トイレの数は猫の数＋1以上が理想です。1匹と暮らしているなら2個、2匹なら3個、3匹なら4個以上です。夜間や、飼い主さんが外出中で汚れていたり、使用中だった場合でも、必ず別の快適なトイレが使えるという状態が理想です。

猫のトイレは、ついつい飼い主さんの利便性を重視しがちですが、猫の習性や行動を理解した上で、飼い主さんのライフスタイルなどとの妥協点を見つけて、理想的なトイレ環境をつくってあげましょう。

水嫌いの猫が多い理由

よく動画やSNSで猫が気持ちよくお風呂に入っている姿を見かけますが、多くの猫は体が水にぬれるのが大の苦手です。

猫の祖先はリビアヤマネコといって、アフリカ北部やエジプトなどの砂漠の乾燥地帯で暮らし、水浴びの習慣がありませんでした。

また、砂漠は昼夜の寒暖差が大きく、気温が下がった夜に体がぬれたままだと、体温を奪われて生命の危険にさらされることになります。そのため、猫は本能的に体がぬれることを嫌うと考えられています。

さらに、猫の被毛《ひもう》は脂分が少なく水をはじきにくい上、柔らかくて密生しているため、ぬれると乾きにくいということがあります。犬の被毛は脂分が多いので水をはじき、水浴び後も全身をブルブルッと震わせれば、すぐに水が切れて乾きますが、猫はぬれると毛全体がべったり体に張り付いてしまいますよね。

猫が水が苦手で、お風呂も嫌いなのは、そうした理由もあるようです。

では、猫にとってお風呂は必要なのでしょうか。結論からいえば必要ありません。短毛種であれば、被毛や皮膚の清潔さは毛づくろいで十分保たれますから、嫌がる猫を無理にお風呂に入れる必要はないのです。飼い主さんとしては、抜け毛を取り除くためにブラッシングを十分してあげれば大丈夫です。それでも、どうしても気になるのなら、年に1〜2回、猫用シャンプーで洗ってあげてください。

ただ、ペルシャなどの長毛種の場合は、ふだん自分で毛づくろいをしても舌が皮膚に届きにくいため、定期的にシャンプーをしてあげたほうがよいでしょう。

猫の生活リズム

猫って、寝てばかりいる——。そんなイメージを持っている人も多いかと思います。

もともと猫は、昼間に寝て夜に起きるのが普通の生活リズムでした。人が寝る頃に「夜の運動会」が始まると悩んでいる飼い主さんも多いでしょう。夜行性と思われがちですが、正しくは明け方と日没直後の時間帯に活動する「薄明薄暮性《はくめいはくぼせい》」。猫にとって薄暗い時間は、同じ頃活動するねずみなどの獲物を狩る時間、昼間は体力を温存する時間だったのです。薄明薄暮性のため、夜の運動会といわれますが、活発になるのは電気を消した直後の時間が多く、猫たちにしてみると夕方の感覚でいるためです。

日中ゴロゴロしている猫は、熟睡している時間は少なく、ほとんどが浅い眠りだといわれています。浅い眠りのときは、体は休んでいても脳が活発に働いているときです。ちょっとした物音や気配にも敏感に反応します。これも、いつでも敵や獲物に対応できるよう、猫に備わった本能です。

そんな猫も、人間と一緒に暮らすうちに、人間と同じような生活リズムで暮らせるようになります。毎日、食事を出してもらえるのですから狩りをする必要もありません。飼い主さんが起きている時間でないと、ご飯ももらえないし、かまってもらえないとなれば、猫はそれを理解し、だんだん飼い主さんの生活リズムに近づいていきます。とはいっても、猫は人間よりも長い時間眠る動物です。そして明け方に活動を始めるため、猫たちが最もおなかがすく時間が朝なのです。

しかし、猫が完全な「朝型猫」になることはありません。食べたいときに食べ、寝たいときに寝て……。やはりマイペースであることに変わりはありません。

ただし、明暗のサイクルが猫に影響を与えるので、昼と夜の明るさのサイクルを猫が感じられるように、照明を消す時間はできれば毎日同じ時間帯にしたほうがよいでしょう。日中は明るく、夜間は月明かり程度の暗さが理想です。

PART
2 猫それぞれでちがうクセや好み

よく鳴く猫ちゃん、めったに鳴かない猫ちゃん

猫の中には、よく鳴く猫とめったに鳴かない猫がいますよね。そのちがいはどこにあるのでしょうか。まず品種として、よく鳴くタイプと、あまり鳴かないタイプの猫がいます。

よく鳴く猫の代表格は、シャム、ベンガル、オリエンタルショートヘアなどです。シャムやベンガルはよく鳴く上に声も大きいので、飼育環境を考慮して飼う必要があるでしょう。サイベリアンは猫の中では体が大きいほうですが、声は小さめです。

一方、あまり鳴かない品種として知られているのは、ペルシャ、ヒマラヤン、エキゾチックショートヘア、ロシアンブルー、アビシニアンなど。ペルシャやヒマラヤンなど少し大型の長毛種の猫は、性格がおとなしくて、おっとりとしている品種の猫たちで、性格的にあまり鳴かないといわれています。また、品種とは別に、ふだんあまり鳴かない猫はおっとりした性格であることが多く、飼い主さんと一対一で暮らしている猫が多いように思います。これは飼い主さんの世話が行き届いているため、あえて何かを訴える必要がないからかもしれません。けれども、これらはあくまでも傾向としてのもので、よく鳴くかあまり鳴かないかは個体差があるということを理解しておいたほうがよいでしょう。

猫は習性として、子猫のときや発情期などの特別な時期をのぞいて、鳴き声で気持ちを伝えるということはしません。そのため、基本的によく鳴く猫は「ご飯が食べたい」とか「遊んでほしい」とか、自分の願いを飼い主さんに訴えていることが多いようです。

子猫の頃から人と暮らしている猫は、鳴くことによって要求が通ることを知っているので、比較的よく鳴く傾向にあるともいわれています。

逆に、野良生活の猫は、鳴き声を上げるということは敵に自分の居場所を知らせることになってしまい、危険を伴います。そのため、外猫歴が長い猫はあまり鳴かない傾向にあります。

一方で猫はストレスによって、大きな声で繰り返し鳴くことがあります。マイペースといわれている猫ですが、実はとてもデリケートで、ちょっとした環境の変化にも敏感に反応してしまい、それがストレスになってしまうのです。

猫の性格にもよりますが、来客や引っ越し、家族構成の変化、同居猫の増加などが、ストレスの原因になります。

その他、どこかが痛くて鳴いていたり、具合が悪くて鳴いている可能性もあります。また、猫は甲状腺の病気や高血圧、認知症になると夜鳴きが続くことがあります。若い猫でもまれに夜鳴きをしますが、それは体力の発散や何らかの要求が目的だといわれています。13歳を過ぎた高齢の猫が夜鳴きを始めたら病気の可能性が高いので注意しましょう。

食欲旺盛猫ちゃん、小食猫ちゃん

猫の中には3kg程度の小さな猫もいれば、10kgを超える大きな猫もいます。当然、体の大きさによって食べる量は変わってきますし、運動量や年齢によってもちがいがあります。そうした個体差を考慮した上で、猫が必要な栄養を過不足なく摂取できているこ とが、いちばん大事なことだといえます。

でも、なかにはご飯をなかなか食べてくれなかったり、食べても完食せずにいつも残してしまう小食の猫もいるし、食欲旺盛で油断するとすぐに体重が増えてしまう猫もいます。

猫はもともと「むら食い」の習性を持っています。

そのため、食事を少ししか食べなくても、1日の中でおなかがすいたタイミングで食べていることがあります。体重の増減を確認して減少していなければ、必要な栄養はとれているということですから、あまり心配することはないでしょう。

季節の変わり目や気候、温度差などで、一時的に食事の量が減る場合もあります。猫も人間と同じで、天気が不安定だったり、寒暖差が激しかったりすると、体がその変化についていけずに、体調を崩しやすくなります。そんなときは、ちょっと食欲不振になります。

また、猫の性格にもよりますが、来客や引っ越し、家の模様替え、飼い主の長期不在、あるいはご飯のお皿が変わった、食事場所が変わったなど、環境の変化によるストレスで食欲不振になることもあります。フードが口に合わなかったり、同じフードに飽きてしまって、ご飯を食べなくなる場合もあります。そういうときはフードの種類を変えてみてください。

一方、ご飯をよく食べてくれる猫は、飼い主さんとしては健康の証でもあるのでうれしいことですよね。その反面、体重が増えてくると、心配になってきます。元気で食欲旺盛な猫の場合は、高カロリーのフードを避けて、低カロリーのフードを選ぶとよいでしょう。最近は、カロリーが大幅に抑えられ、脂肪分もカットされたダイエットフードも市販されていますから、そうしたもので肥満対策を行うことができます。

食欲不振も異常な食欲も、何らかの病気のシグナルということもあります。たとえば、長時間にわたって猫が食べ物を口にしないときは、消化器系や肝臓、腎臓などに不調がある可能性が、あるいは口内炎や口内の腫瘍、歯周病の悪化などが考えられます。急に食欲が旺盛になったときには、糖尿病や甲状腺機能亢進症《こうしんしょう》などの病気が隠されていることがあります。こういうケースでは、とにかく早めの受診をお願いします。

人間大好きストーカー猫ちゃん、孤独が大好き猫ちゃん

猫にもいろいろな性格がありますが、人間が大好きな猫と、人見知りであまりかまわれることが好きではない猫がいます。

人間大好きな猫は、いつでも飼い主さんの後ろをついて回り、しっぽを立ててすぐに近寄ってくるような、甘えん坊さんです。何かというとすぐに飼い主さんにお願いを訴えにきます。飼い主さんだけでなく、家にやってくる人みんなになでられて喜ぶ猫や、気に入った人の前で、ゴロンとおなかを無防備に見せてくれる猫もいますよね。

人が好きで、人になついてくる猫は、往々にしてこのように甘えん坊で、好奇心旺盛なところがあり、飼い主さんが何か作業をやっているときにも、かまってほしくて近寄ってくるような、ちょっと寂しがり屋のところもあるようです。

一方、あまりかまわれることが好きではない猫は、自分をそっとしておいてほしいときに、触られたり抱っこされたりすると嫌がって、すぐにどこかへ逃げてしまいます。それが見知らぬ来客ならなおさらのこと、なでられた部分をペロペロなめて毛づくろいをして、そのにおいを早く消そうとします。

このタイプの猫は、独立心や自尊心が強い本来の猫タイプといえます。飼い主さんは、早く距離を縮めたいと焦ってしまいがちですが、無理に近づきすぎないようにすることが大切です。それでも飼い主さんに甘えたくなるときは必ずあるので、そのタイミングを逃さずに、体をなでてあげたり、一緒に遊んだり、毛づくろいをしてあげるなどして、コミュニケーションをとりましょう。猫の性格に合った接し方をすれば猫は安心し、よりよい関係ができていくでしょう。

かまってちゃんも孤独を愛する猫ちゃんも、それぞれの個性でかわいいですよね。

室内飼い猫ちゃん、お外猫ちゃん

町や港を自由に歩く猫。外飼いの猫というと、そんな姿を思い浮かべる人も多いでしょう。外で暮らす猫は好き勝手に動き回れて、幸せそうに見えるかもしれません。木に登ったり、狩りをしたり、野生の本能を思う存分発揮することもできるでしょう。

では、室内飼いの猫はどうでしょう。猫にとって室内で暮らすことは窮屈なことなのでしょうか？　私は、決してそうではないと思っています。

猫は本来、慣れ親しんだ縄張りの中だけで暮らす動物ですから、室内だけで飼うことに問題はありません。室内飼いだからといって、猫の本能がなくなってしまうわけでもありません。むしろ、子どもの頃から室内で暮らしている猫にとって、家の外は未知の世界。何が待ち構えているかわからない危険な世界なのです。

まず、交通事故のリスクがあります。外は自動車、オートバイ、自転車などが走っています。車に轢《ひ》かれるといった痛ましい事故に猫が巻き込まれる可能性は少なくありません。

感染症のリスクもあります。外を探検しているうちに、野良猫と接触し、猫エイズウイルスや猫白血病ウイルスなどに感染してしまう可能性は否めません。また、やっかいなノミや腸内寄生虫やマダニに噛まれることで感染するSFTSウイルスも怖い病気です。SFTSウイルスは人にも感染し重症化すると死に至ることもあります。

そしてもう1つ、外飼いの場合、他人の敷地に入り込んで尿や便を排泄したり、いたずらをして迷惑をかける可能性もあります。そこから近隣住民とトラブルに発展することも考えられます。さらに、世の中には猫が嫌いな人もいます。いじめや虐待の危険があることも忘れてはなりません。外の生活は猫にとって、そんなに楽しいことばかりではないのです。

ちょっとした隙に猫が外へ出て行ってしまった、という話はよく聞きます。しかし、脱走はしてみたものの、実際に家の外へ出てみると、怖気《おじけ》づいてしまって腰を落として動かなくなったり、飼い主さんを求めてニャアニャア鳴いたりする猫もいます。縄張りの外に出て、おそらく猫は不安でいっぱいになるのだと思います。現在は、行政が完全室内飼育の「家猫」を推奨しています。外飼いによって生じるリスクを考えれば、私もやはり安心できる家の中で家族と一緒に暮らしてほしいと思います。

短毛猫ちゃん、長毛猫ちゃん

猫には大きく分けて短毛種と長毛種の2種類があります。細かい性格は猫によりさまざまですが、実は短毛種と長毛種では、毛の長さ以外にも性格にちがいがあります。短毛種は、どちらかというと筋肉質で、運動神経がよく、活発で遊び好きな猫が多く、好奇心旺盛で陽気な性格。人なつっこく、飼い主さん以外の人にもフレンドリーに接する傾向があります。

長毛種は、大らかでおっとりした性格の猫が多く、冷静で落ち着きがある一方、神経質な面もあり、短毛種に比べて、飼い主さんに対する独占欲が強く、飼い主さんやその家族にはフレンドリーに接しますが、他人や他の猫に対しては少し警戒することがあるかもしれません。

被毛の美しさ、優雅さは長毛種ならではですが、それゆえ毛球症《もうきゅうしょう》（胃や腸に毛玉が溜まる病気）のリスクが高いのも長毛種のほうです。

短毛種でも長毛種でも、毛玉の予防と皮膚の健康管理のためには、ブラッシングが欠かせませんが、特に長毛種の場合は、猫自身がする毛づくろいだけでは毛を整えることができません。ブラッシングをせずに放っておけば、わずか数日で全身毛玉だらけになってしまいます。そのため、長毛種の猫と一緒に暮らすのなら、十分お手入れに時間をかけてあげることが不可欠です。

短毛種の猫は冬に弱く、長毛種の猫は夏に弱い、というちがいもあります。長毛種は分厚い毛皮をまとっていますから、寒い冬には強く、夏は暑さのために元気がありません。逆に短毛種は寒い冬は体が冷えやすく、風邪を引きやすいといわれていますが、室内で暮らす猫であれば、どちらが冬に弱い、強いといったことはあまり気にしなくてもよいでしょう。けれども、猫たちが快適に過ごせるように、室内の温度調節を心がけてくださいね。

子猫ちゃん、高齢猫ちゃん

元気いっぱいに走り回ったり、勢い余って転んでしまったり、初めて見るものに興味半分不安半分、勇気を振り絞って近づいてみたり……。そんな子猫の愛らしい姿は、ずっと見ていても飽きませんよね。一方、年を重ねた猫は、子どもの頃とはまたちがったかわいさがあります。落ち着いた動作やゆったりとしたしぐさを見ていると、こちらまで和やかな気持ちにさせられるものです。

生まれてすぐの赤ちゃん猫は、まだ目も見えず、耳も聞こえません。また、自分で体温調整もできませんし、自分で排泄することもできません。赤ちゃん猫と暮らすことになった飼い主さんは、子猫用のミルクを与えたり、母猫のふところのような環境を整えたり、授乳のたびに濡らしたティッシュなどでお尻を刺激して、排泄をさせてあげる必要もあります。生後2週齢になるとよちよち歩きができるようになり、そこからは急速に成長していきます。

その著しい成長を遂げる時期、生後2～9週齢の時期を「社会化期」といいますが、この時期に経験したことが、今後の猫の性格や習慣に大きく影響します。

たとえば、お手入れを嫌がらない猫にするには、ブラッシングやツメ切りなどのお世話に慣らしておくことが大切です。終わったら、ご褒美をあげたり、遊んであげるのもよい方法かもしれません。好奇心が芽生え、いたずら盛りなのもこの時期です。

猫が高齢期にさしかかると好奇心が薄れ、周りのことを気にしなくなり、緩慢《かんまん》になり、寝ている時間も増えます。また、年をとるにつれて、だんだん猫の性格が変わってきたと感じる飼い主さんは多いようで、若い頃より甘えるようになったり、のんびりした性格になったという声もよく聞きます。

さらに、歯が黄ばんだり、茶色っぽくなってきた、筋肉量が減少して太腿などが細くなった、被毛のツヤがなくなってきた、パサつきやすくなった、ツメがよくのびるようになった、おなかがたるんできた、口臭が出てきた、目やにが多くなった、などの身体的な変化も現れるようになります。老化が進むと、さまざまな病気のリスクも高まりますから、日々の健康チェックを欠かさずに行いましょう。

オス猫ちゃん、メス猫ちゃん

個体差はありますが、猫は性別によっても特徴があります。

まず体つきですが、一般的に、同じ親猫から生まれたきょうだい猫であっても、オスのほうが大きく、骨格や筋肉がしっかりしていて、メスと比べるとがっしりしています。メスはオスよりも体高が低く、オスより小さめでほっそりしているのが特徴です。

性格的には、オスは好奇心旺盛で、遊び好きです。やんちゃで、いたずらっこの面もあり、ときどき高いところから落ちてしまったり、テーブルの上のグラスをひっくり返してしまったりすることもあります。メスより甘えん坊で人なつっこく、抱っこされたり、なでられたりすることを好む傾向もあります。また、縄張り意識が強く、行動範囲が広いという特徴が見られます。その反面、自分の縄張りから外の世界を怖がる臆病な性格が出ることもあります。

一方、メスはオスよりもマイペースで、警戒心が強く、クールで人にベタベタするのもされるのも好みません。これはメスが妊娠から出産、子育てまでのすべてを1匹で行わなければならないことが関係しているのでしょう。活発なオスに比べて、しっかりもので、物静かな印象もあります。

猫の品種や毛色でちがいはあるの？

猫の性格は、品種や毛色によっても異なるようです。

たとえば、アビシニアン、シンガプーラ、エジプシャンマウ、ベンガルなどは、非常に活発で運動能力が高く、フレンドリーで好奇心旺盛な猫種です。

メインクーン、ノルウェージャン・フォレスト・キャット、サイベリアン、シャルトリューといった大柄な猫は、動きがゆったりしていて、やさしい印象です。よく「忠実」「自立心が強い」などといわれています。

ペルシャ、ヒマラヤン、エキゾチック・ショートヘア、ロシアンブルーなどは、気まぐれで、飼い主さん以外には甘えない傾向のある猫たちです。いわゆる猫らしい猫のグループといえるでしょう。ロシアンブルーは物静かな猫種として知られており、飼い主さんへの愛情は非常に強く献身的に接しますが、警戒心が強く、新しい環境に慣れるのに時間がかかります。

また、マンチカンやスコティッシュ・フォールドなどは、交配に他の品種の猫が入ることが多いため、性格もバラバラのようです。

ところで、みなさんは猫の柄はどのくらいあると思いますか？

単色の黒猫や白猫、三毛猫や縞《しま》模様などはすぐに思い出される猫の模様ですが、このほかにもブチやサビなど毛の色や模様のかたち、位置などで呼び名がつけられています。足先だけ色がちがう猫のことを靴下猫と呼ぶ人もいますよね。

毛色には専門用語があり、たとえば見た目がグレーの猫を専門用語ではブルーと呼びます。飼い猫としてポピュラーなキジトラは、その名のとおり鳥の雉《きじ》と猫科の虎が混ざったような模様が特徴です。猫の柄の原型とされ、多く見かける種類です。

サバトラは明るいシルバーをベースに、黒い縞模様が入った猫です。魚のサバに似ていることから名付けられました。

猫はX染色体でベースとなる毛色が決まります。「XY」のオスは、Xが1つだけで黒か茶のどちらか1色しか持たないので、黒系かオレンジ系のどちらかにしかなりません。「XX」のメスはXが2つあり、黒黒、黒オレンジ、オレンジオレンジになる可能性があります。黒オレンジに白が加わったものが三毛猫となります。オレンジの毛色を出す遺伝子はX染色体の中にあります。オスはXYで、X染色体を1つしか持っていないため三毛猫のオスは少ないといわれています。

ちなみに三毛猫のオスは、クラインフェルター症候群という遺伝子の病気の結果生まれた猫のことですが、たいへん希少なため、オスの三毛猫は「幸運の猫」として、昔からヨーロッパの船乗りたちの間で「オスの三毛猫を船に乗せると幸運を招き、遭難をしない」という言い伝えがあるそうです。日本の第一次南極観察隊にも同様の理由からオスの三毛猫「たけし」を同行させたそうです。

猫のご先祖さまってどんな動物なの？

現在、私たちが慣れ親しんでいる猫は、学術的には「イエネコ」という種類に分類されます。ミックスもマンチカンやアメリカンショートヘアなども、すべてイエネコに分類されます。

2007年に科学雑誌『サイエンス』に掲載された論文では、イエネコのDNAを調べた結果、猫たちの共通の祖先は現在アフリカに生息する「リビアヤマネコ」であると発表されました。

いまから約4000年前に、古代エジプト人がリビアヤマネコを飼いならしたことが、現在のイエネコのルーツになったのではないかという一説がありますが、もっと古代から人間と猫は一緒に暮らしていたのではないかとの説もあります。

エジプトでは遥か昔から、猫をひじょうに大切に扱ってきました。王様のお墓に一緒に埋葬されることや、大切な猫が亡くなった際には布で包み特別な棺に入れたのち、猫の墓地に丁寧に埋葬されたという記録もあります。「バステト」という猫の女神も存在します。リビアヤマネコは、見た目は現在のイエネコと大きなちがいはありませんが、イエネコと比べると手足が長くワイルドな風貌をしています。

リビアヤマネコをさらに遡ると、猫の祖先は「ミアキス」という動物ではないかと考えられています。ミアキスは、暁新世《ぎょうしんせい》から始新世中期にかけての約6500万年前から4800万年前に生息した動物で、犬やアシカの祖先でもあります。実は猫も犬も祖先は共通していたのです。

ミアキスは絶滅してしまったので、実物を見ることはできませんが、マダガスカル島に生息する「フォッサ」というマングースの仲間が近い姿をしているといわれています。日本では、東京の上野動物園で2010年に初めてフォッサが公開され、現在もその姿を見ることができます。

猫と日本人

日光東照宮《にっこうとうしょうぐう》の「眠り猫」、歌川国芳《うたがわくによし》や歌川広重《ひろしげ》が描いた猫の浮世絵などから、日本でも昔から猫が身近な動物で愛される存在だったことがわかります。歌川国芳は大の猫好きだったそうです。また秋田県には猫を祀《まつ》った忠猫《ちゅうびょう》神社など、日本全国には猫が祀られた神社やお寺がたくさんあります。

では、エジプトで人と暮らすようになった猫が日本にやってきたのはいつ頃なのでしょうか？

昔から有力な説とされるのは、仏教が日本に伝えられた際に、大切な経典《きょうてん》をねずみの被害から守るために猫が船に乗せられた、というものです。しかし当時の猫に関する記録はないため、定かではありません。

猫について記述された最初の書物は平安時代初期の『日本霊異記《にほんれいいき》』です。

《わたしは飢えて、七月七日に大蛇となってお前の家に行き、家の中に入ろうとしたとき、お前は杖の先に私を引っ掛けてぽいと捨てた。また、五月五日に赤い小犬となってお前の家に行ったときは、ほかの犬を呼んでけしかけ、追い払わせたので、私は食にありつけず、へとへとになって帰ってきた。ただ、正月一日に、**猫**になってお前の家に入りこんだときは供養のために備えてあった肉や、いろいろのごちそうを腹いっぱい食べてきた。それでやっと三年来の空腹を、どうにかいやすことができたのだ》（『日本霊異記 全訳注』中田祝夫、講談社学術文庫）

猫は登場こそしますが、ごくごく短い登場です。

猫について詳しい描写が出てくるのは、もう少し後のこと。宇多《うだ》天皇（867〜931）の日記、『寛平御記《かんぴょうぎょき》』に猫について書かれていることが確認できます。漆黒の「唐猫《からねこ》」を父親である光孝《こうこう》天皇から譲られた宇多天皇は、その猫の容姿や動きの美しさに感動し、猫のしぐさや特徴を詳細に記しているのです。なかには猫自慢らしき記述もあります。

宇多天皇はたいへんな愛猫家だったそうで、平安時代に書かれたこの日記は、現在の猫ブログや「猫YouTuber」さんのハシリなのかもしれませんね。

平安時代、大陸から伝わった文化は貴重なもので、猫も大陸から来た「唐猫」と呼ばれ、天皇家や貴族の間で大切に扱われてきました。『源氏物語』『枕草子』でも貴族の間でかわいがられている猫の記述があります。

記録という点では『日本霊異記』となりますが、さらに前から日本には猫が存在していたのではないか？　そんな疑問も生じます。

2011年、長崎県壱岐《いき》市の発掘調査で約2000年前の弥生時代後期半ば（紀元1～3世紀）の遺構から発見された1882点のうち、723点の分析が奈良文化財研究所で行われ、このうちの1点がイエネコの橈骨《とうこつ》（前腕の骨）であることが判明しました。

つまり、弥生時代から日本には猫がいたということになりますが、別の新説となる証拠がどこかで発見される可能性もあります。

第2章

猫の気持ちを知る

PART 1 かわいいパーツに隠された猫の不思議

あなたを見つめるきれいな目に隠された秘密

大きくて美しい目は、猫の魅力の1つ。グリーン、オレンジ、ゴールド、カッパーなど、宝石のような虹彩《こうさい》を持つことも特徴といえるでしょう。赤ちゃん猫の目は、キトンブルー（kitten＝子猫）と呼ばれる青色をしていますが生後2カ月を過ぎると徐々に変化していき、メラニン色素の量によってその猫本来の目の色が決まります。

もともと猫は、夜明け頃や日没後に活動する動物ですから、暗がりの暮らしに適した目を持っています。闇の中で猫の目がピカッと光るのは、人にはない「タペタム

（輝板《きばん》）」という反射板の役目をする層が網膜の裏側にあり、光をはね返しているからです。このはね返された光を網膜に送ることで、わずかな光でも効率よく利用でき、猫は暗がりでもよく目が見えるのです。

また、黒目（瞳孔）は、時間や場所によってまん丸になったり、細長くなったりします。これは暗いところでは多くの光を取り込むために瞳孔が開いて大きくなり、明るいところでは網膜を保護するために目に入る光を絞るため、細くなるからです。

猫の目の変化はそれだけでなく、そのときの気分や感情を表していると考えられています。たとえば、満足しているときなどは目を細めますが、興奮したり恐怖を感じたときなどは、明るくても瞳孔が広がります。

視力はさほどよくなく、人間でいえば0・2〜0・3程度。しかし、動いている物をとらえる「動体視力」は優れていて、1秒間に4㎜というわずかな動きでも感知できるといわれています。一方、「静体視力」はいまひとつで、止まっている物には気づかないこともあります。遠くのものを見るのも苦手で、色については緑と青の組み合わせしか認識できず、赤いものはくすんだ灰色に見えているようです。

かわいいだけじゃない！　猫の耳はココがすごい

飼い主さんが帰宅すると〝猫が玄関で待っている〟ということがよくあります。これから猫と暮らす人にとっては憧れの光景かもしれません。

こんなとき、猫はあなたの足音や車の音を聞いて、玄関に先回りしているのです。猫の聴覚は、感覚器の中で最も発達しており、人よりはもちろん犬よりも高性能です。人に聞こえる周波数（可聴域）は20～2万Hz程度、犬は15～5万Hz程度、それに対して猫は25～7万5０００Hz程度ですから、驚きの能力ですよね。

こうした能力は、暗がりで獲物が動いたときでも察知できるように発達したものと考えられ、芝生の上を蟻《あり》が歩く音も聞こえるといわれています。

猫の耳は約30個もの筋肉からなっていて、左右別々に動かすことができます。そのため音を効率よく集め、目に頼ることなく、音のする方向や距離をかなり正確に測ることができるのです。高音域が並外れてよく聞こえるのは、諸説ありますが、主な獲物であるねずみの鳴き声が高いことも関係しているようです。

この優れた聴力は狩りのときに、ねずみの鳴き声や虫や小動物の気配をいち早く察知して、暗がりでの待ち伏せなども可能にします。また親猫が子育てをするときに、子猫の鳴き声で居場所を把握しておくことなどにも役立ちます。

このように、猫にとっての耳は、生きていく上でとても大事なものです。そのため、猫のいる部屋で音楽を大音量で聴くようなことは、猫にストレスを与えてしまいます。するとと猫は「苦手なことをする人」と思い、あなたのことが苦手になってしまうかもしれません。ときどき、猫の首輪に鈴をつけている飼い主さんがいますが、これもあまりおすすめできません。

けれども、飼い主さんが高齢などのため、家の中で猫の居場所がわかりにくいといった場合や、やんちゃな子猫で家の中の至るところに潜り込んでしまって出られなくなったり、所在不明になったりする可能性があるときは、鈴のついた首輪が役に立つでしょう。この場合は、首輪についていた鈴が取れて猫が誤飲しないよう、首輪の状態に注意するようにしましょう。

🐾 ピクピク動く耳に表れる猫ごころ

耳は猫の気持ちがいちばん表れる体のパーツかもしれません。

猫は平常心でいるとき、耳に力を入れず、まっすぐに立てています。ピンと立てて前方に向け、視線も固定しているときは、何かに強い好奇心を持っているときや警戒しているときで、音から多くの情報を得ようとしている状態です。

まどろんでいる状態や、リラックスして過ごしているときは、耳が少しだけ外側に向くことがあります。不機嫌なときにも耳を外側へ向けますが、リラックスしているときは少し頭が下がり気味になります。

耳が横に引かれるときは警戒や緊張の表れで、強く後ろに反るときは威嚇や攻撃的な状態です。このとき瞳孔が広がっていたら、攻撃性が高まっています。

怯《おび》えて恐怖を感じているときは、全身に力が入って体が縮こまり、耳をぴたりと伏せてしまいます。強い相手に睨まれて、弱気になったりしたときなどに見られるパタ

表情でわかる猫の気持ち

おびえ・イライラ

耳を伏せ気味にするときは
相手をおそれているときや
イライラしているとき。

満足

目を半分閉じて、
耳が前に向いているのは
満足しているとき。

攻撃

大きく口を開けキバをむくのは
攻撃のサイン。
瞳孔も最大に広がります。

興味津々

ヒゲをピンと張って、
目を見開くのは
好奇心いっぱいやおどろいているとき。

ちゅうちょ

耳をピクピク動かすのは
葛藤しているときや、
小さな音に注意を向けているとき。

怒り

耳がピンと立ち、瞳孔は細く、
ヒゲが前を向いているのは
怒っているときや強気のサイン。

ーンで、同時にしっぽを股に挟んでいたら相当怯えている状態です。ぴたりと伏せていても、唸ったり歯を剥き出していたら、身を守るために攻撃を仕掛けようという状態で、このときも瞳孔が広がっています。

耳を後ろに伏せているときは、イライラしているときやストレスを感じている状態です。眠いときやかまわないでほしいとき、人間に触られるのが嫌なときにもこういう耳の状態になりますから、そんなときはそっとしてあげてください。

猫は、自分の背後で物音がしたり人が話していたりすると、顔は前を向いたまま耳だけ後ろに向けることがあります。無関心を装っていても、「何か気になるなあ」のサインでしょう。

猫が耳をピクピク動かしているのも、よく見ますよね。このときは人間には聞こえないような小さな音に注意を向けている可能性があります。耳を細かく動かすことで、音の正体やその音が発生している正確な位置を探ろうとしているのかもしれません。

また、片方の耳だけをピクピクさせているときもあります。そんなときは「放っておいて」という気持ちの表れです。猫の名前を呼んだときに、片耳だけをピクピク動かすのは、「かまってくれなくていいよ。でもとりあえず聞こえていますよ」という、猫なりの返事なのでしょう。

このように、猫の耳は口の代わり。自分の気持ちや感情を飼い主さんに伝える大事なツールです。耳のしぐさをよく観察して、猫の気持ちを理解してあげましょう。

小さくても高性能、スンスンする鼻

猫の嗅覚は、聴覚の次にすぐれた感覚です。犬には少しおよびませんが、それでも人間の数十倍から数十万倍というものまで嗅覚についてはさまざまな説があります。

大きな目に対して鼻はこぢんまりとしていますが、鼻の奥を見ると、鼻腔《びこう》の上側にあるでこぼこした骨を、「嗅上皮《きゅうじょうひ》」と呼ばれるにおいの分子をキャッチする粘膜が覆っています。この嗅上皮の面積は約40㎠。人間のそれと比べると2倍もあります。

嗅上皮にはにおいを感じ取るのに必要な嗅細胞が分布していて、人間の嗅細胞が約1000万個なのに対し、猫は6000万～6500万個です。

猫の嗅覚がいかにすぐれているかおわかりでしょう。

猫は、赤ちゃんの頃からすでに嗅覚が発達していて、目が開いていなくても母猫の居場所やオッパイの場所をにおいで見つけることができます。野生では、食べ物が腐っていないか、縄張りに侵入者がいないか、危険なものはないかをにおいでチェックする必要があり、嗅ぎ分ける能力は不可欠だったのです。飼い猫となったいまでもそれは変わらず、あらゆるもののにおいを嗅ぐことで情報を得ようとします。

多頭飼いのお宅では、猫同士が鼻をくっつけてツンツンしている姿をよく目にするかもしれません。このノーズタッチはいわば猫のあいさつ。お互いの状態をにおいで確認しているのでしょう。人が指を近づけたときにも見られますが、それはその人に気を許している証拠です。

ちなみに、寝ているときや寝起きのとき以外、通常猫の鼻は湿っています。これは鼻腔内の腺からの分泌液によるもので、においの分子を嗅細胞に吸着しやすくし、風向きや温度差を感知しやすくする効果があります。

においに敏感な猫ですが、どうやら犬とはちがって、空気中のにおいをキャッチするのは苦手のようです。対象物のごく近くまで鼻を近づけないと、嗅ぎ分ける能力をうまく発揮できないようなのです。

また、猫は犬のように体温調整のために舌を出してハアハアすることはありませんが、口を開いて呼吸をすることがあります。この場合は、強い緊張状態にあるとき、呼吸困難のときのどちらかです。

まれに猫が口を半開きにして、笑ったような顔をすることがあります。これは「フレーメン反応」といい、異性を引きつける性フェロモンやマタタビなどの揮発性《きはっせい》のにおいを嗅ぎ取ろうとするしぐさです。

マタタビを嗅いだときは酔ったようにトロンとしたり、床に転がって体をクネクネさせることもあります。

フェロモンもマタタビも人間にはまったく感じとれないにおいですが、このことからも猫の嗅覚のすごさをうかがい知ることができます。

立派なおヒゲは高感度センサー

「猫ヒゲ」というと、猫のぷっくりとした上唇《じょうしん》部分のヒゲ（上唇毛）が思い浮かぶのではないでしょうか。実は、このトレードマークの上唇毛以外にも、目の上（眉上《びじょう》毛《もう》）、頬（頬骨毛《きょうこつもう》）、顎（下唇毛《かしんもう》）、上唇毛の上（口角毛）にもヒゲが生えています。

体毛に比べて長く硬く、体毛よりも3倍近く深く埋まっていて、その根元には神経が集中しています。根元は太いのに先端は非常に繊細で、何かにふれると情報が瞬時に脳に伝わります。

猫のヒゲはとても高性能で、空気のわずかな振動も察知することができ、暗がりの中の障害物を感じられるなど、行動する上でとても重要な役割を担っています。狭い場所を通るときは、障害物へのヒゲの当たり具合によって、自分の体が通れるかどうかを判断します。このようにヒゲがセンサーの役割を果たし、空間把握や平衡感覚を保っているのです。猫は生まれたときには、まだ体毛はあまり生えていませんが、ヒゲはしっかり生えていて早くからセンサーとして機能し、母猫のオッパイを探すのに役立てているといわれています。昔はよく「猫のヒゲを抜くとねずみを捕らなくなる」といわれましたが、そのくらい猫のヒゲの感覚は重要なのです。

人が泣いたり笑ったり、顔の表情で感情を表現するのと同じように、猫はヒゲでも感情を表します。元気なときや喜んでいるときは、おおむねヒゲもピンと張った状態に。何かに興味を示して様子を探っているときはヒゲが前方に傾くこともあり、警戒時や怒っているときにも前方に傾いています。また、何かを怖がっているときは、ヒゲを顔にピタッとつけてしまいます。

このように耳の動きやヒゲは猫の気持ちがわかるサインなのです。

お忍び行動のカギは肉球にあり

猫の肉球は猫好きにはたまらない、猫の魅力の1つです。肉球は英語でパッド(Pad)と呼ぶようにクッション性のある足の裏で、毛が生えていないので触るとしっとりすべすべしています。

私たち人間は、暑いときや高熱が出たときなど、全身に汗をかきます。しかし、猫は、運動しても暑いときでも体に汗をかいている様子はありません。猫の汗腺《かんせん》は主に肉球に存在します。肉球がときどきしっとりしているのは、この分泌される汗のためです。

しかし、猫が肉球に汗をかくのは暑いからではありません。これは本来、緊張が原因のいわば冷や汗です。不意に敵に出会ったときなど、緊張した場面でかく肉球の汗は、木に登るときやジャンプするときなど、行動するときの滑り止めの役目を果たしています。猫が高所や足場の非常に悪いところを難なく移動できるのも、1つにはこの滑り止め効果によるものといえます。

また、肉球の汗は、マーキング（縄張りを示すためのにおい付け）にも使われます。部屋の中を音も立てずに移動し、高所へとジャンプして音もなく着地するのは猫ならではの特技です。猫と暮らしていると、いつの間にか傍に寄ってきていたり、気づかないうちに部屋に入ってきて足元で丸まっていた、というような経験を何度もしていると思います。

野生では、狩りをする際には獲物に気づかれないように接近する必要があります。猫は獲物の所在を察知すると、体勢を低くして、気配を消し、飛びかかれる距離まできたら、機を見て一気に襲いかかって仕留めます。こうした生きるための狩りで欠かせない機能となっているのが、音を吸収する肉球です。さらに、猫が高いところから飛び降りたり、アクロバティックな動きができるのは、体が柔らかいというだけでなく、肉球が最初の衝撃を吸収してくれるためです。

ほかにも猫は、肉球を舐めて湿らせ、自分の顔のお手入れをしたり、肉球を使って物を掴んだり、しがみついたりすることができます。

猫の肉球には、独特の感触や見た目のかわいさだけでなく、猫の生活に必要なさまざまな役割があります。ふだんとちがう歩き方をしているときや、肉球を気にして舐めているようなときは、けがなど異常が起きているかもしれません。飼い主さんの癒しだけではなく、猫の健康のために日々、肉球を観察してあげてくださいね。

変幻自在、しっぽに表れる感情

ピンと立てたり、小刻みに震わしたり、ゆらゆら揺らしたり……、猫のしっぽの動きは変幻自在です。猫と暮らしていると、猫が自分のしっぽを追いかけているのを見かけますよね。あれは、やみくもに追いかけているのではなく、猫はどうやら追いかけているものが自分のしっぽであることを認識しているようなのです。しっぽは猫にとって、体の一部であると同時に、遊び道具でもあるのです。「猫のしっぽがいちばんかわいい」と思っている飼い主さんも多いと思いますが、猫自身も自分のしっぽが大好きなようです。

猫のしっぽが、こんなによく動くのは、尾を支えている約18個の尾椎《びつい》という短い骨が連なり、しっぽを前後左右に動かすための4個の筋肉、そして細かい動きをするときに使う8個の筋肉がついていて、先端にまで神経が通っているからです。外見からはわかりませんが、実はとても複雑な構造なのです。

猫のしっぽの重要な役割の1つに、バランスをとるために使うことが挙げられます。猫は、高いところへ登ったり、ジャンプしたり、狭い場所などをすばやく移動したりするとき、しっぽを前後左右に動かして、巧みにバランスをとります。

もう1つは、マーキングです。しっぽの付け根にはにおいを発する臭腺が多くあり、そのにおいをこすりつけることで、自分の縄張りの確認とアピールを行うのです。

そして、さらに1つ重要なのが、感情表現です。猫の体の中で、しっぽはけっこう「おしゃべり」なのです。

しっぽを垂直に立てているのは、甘えているときの表現です。おなかがすいたからご飯がほしい、なでてほしい、遊んでほしいなど、何かを要求するときも、しっぽを立てます。特に子猫は、しっぽをピンと立てた状態で、人の足に盛んに体をこすりつけてきます。後ろからは肛門が丸見えです。これは赤ちゃんのとき、排泄後に母猫にお尻を舐めてきれいにしてもらった名残といわれています。

しっぽがゆっくりと揺れたり、ときにはピタッと止まったりしながら、ゆったりと動いているときはリラックスしているか、何か興味のあるものを見つけたときです。

いかにものんびりしている感じで目を細めたりしているなら、リラックス状態。何かをじっと見つめているなら、興味のあるものを見つけたのかもしれません。

しっぽを左右にパタパタと動かしているときは、イライラや不機嫌になっているサインです。そんなときに抱っこしたり、なでたりすると、よけいに機嫌を損ねてしまいます。ごめんねと謝って、すぐに手を引っ込めてください。

また、葛藤状態にあるときも、しっぽを左右に振ることがあります。たとえば、窓の外に鳥がいて、気になってしょうがない、飛びかかりたいのに外へ行けないなど、思い通りにならないときなどです。

座った状態で、ゆっくりとしっぽを上にクルン、下にパタンと動かしているときは、これからどうしようかと次の行動を考えているときです。そんなときは、じゃまをせずに、じっくりと考えさせてあげましょう。

猫が家の中を歩いているとき声をかけると、しっぽをピクッと動かしたり、前後に1回振って返事をすることがあります。うたた寝中に名前を呼ぶと、顔も上げずにしっぽの先だけピクピクさせて、「聞こえているよ」と返してくることもあります。

猫の感情としっぽ

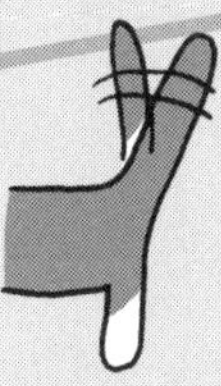

イライラ

パタパタと左右に振っているのは、
気持ちが落ち着かないときや
不機嫌なしるし。

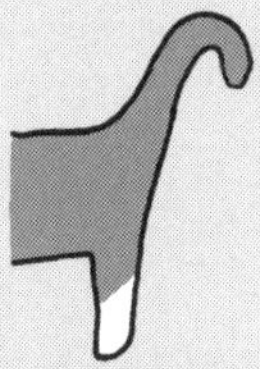

ケンカ上等

逆U字型に曲げているときは
ケンカをしかけるサイン。
ここから攻撃の姿勢になることも。

怖い

しっぽを後ろ足に挟んでいるのは、
怖くて萎縮しているか
「攻撃しないで」と伝えたいとき。

威嚇

驚きや恐怖を感じたとき、
自分をなるべく大きく見せようと
しっぽの毛を逆立てます。

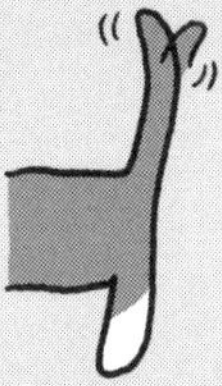

興味や返事

獲物や興味をひくものを目にすると、
しっぽの先がピクリと動きます。
また、名前を呼ばれたときの
返事の意味もあります。

甘えたい

親しみを感じている相手に
よく見せるもので、
しっぽをピンと立て近づいてきたら、
あなたのことが好きというサインです。

獲物を見つけたり、おもちゃで遊んでいると、飛びかかる直前にピクッとしっぽを震わせることがありますが、これは行動前の「いくぞ！」という勢いづけのようです。

叱られた後や、狩りや遊びで失敗したときなど、猫はしょんぼりして、しっぽを力なくだらりとたらします。怯えているときや、ケンカの相手に降参するときは、うずくまってしっぽを後ろ足の間に挟んでしまいます。

また、急所を守ろうとする意味もあり、無防備に仰向けで寝るクセのある猫も、しっぽで下腹部を覆っていることがあります。

怖いときや不意に驚いたとき、相手を威嚇しているときや攻撃しようとしているときは、しっぽの毛が逆立ち、急に3倍くらいの太さになります。しっぽは逆U字型に曲げられ、弓なりにした全身の毛が逆立っていることもあります。これは、恐怖と威嚇（攻撃性）が入り混じった状態で、相手に体を斜めに向けて爪先立《つまさきだ》ちし、自分を大きく見せようとする猫の本能です。

初めて猫と暮らす人は驚くかもしれませんが、こういう状態のときは気が立っているので、対象が危険なものでなければ、そっと見守りましょう。

このように猫のしっぽは、猫の気持ちを読み取るための大事なツールです。

そして、デリケートな部位なので、むやみに触ったり、引っ張ったりするのは禁物です。

毛づくろいにも水飲みにも活躍するザラザラの舌

猫の舌の特徴といえば、やはりあのザラザラ感です。手や頬を舐められると、ときには「痛い」と感じることもあるでしょう。

猫の口の中を覗き込むと、舌に無数のトゲ状の突起があることがわかります。これは「糸状乳頭《しじょうにゅうとう》」と呼ばれる、ザラザラの正体です。舌の中央部分に大きいものがあり、周りにいくに従って小さくなっていきます。

ひとつひとつは喉のほうに向かって反っていて、口に入れたものが外に出にくい構造になっています。

猫の舌がザラザラしている理由は、猫の習性と深い関係があります。猫の祖先のリビアヤマネコは、ねずみのようなげっ歯類や鳥類をハンティングして餌にしていました。ザラザラの舌は獲物の肉を削ぎ落とし、無駄なく食するために大いに役立ちます。

また、この舌で、猫は水を器用に飲みます。犬の場合、容器から水を飲むとき、ピチャピチャと周りに水を撒き散らしてしまいますが、猫はそんなことはありません。アメリカ・マサチューセッツ工科大学の研究によると、猫は舌を「J」の形にして、水につけては高速で引き上げ、一瞬できた水柱を口に入れて飲んでいるということです。舌を動かすスピードは秒速76・2㎝。1秒間に3回から4回もこの動作をしていることになります。

猫は1日のかなりの時間を毛づくろいに費やします。このとき役に立つのが、細かい舌の突起です。舌で念入りに毛並みを整え、皮膚や毛根の汚れも落として、いつも清潔で美しい姿を保っていられるのは、このブラシ代わりに活躍する舌があってこそなのです。

猫の舌のザラザラは、生まれてすぐはありません。子猫は生後1カ月ほどで離乳しますが、その頃から突起が現れてきます。自分で毛づくろいができない子猫のうちは、母猫が代わりに舌で舐めて毛づくろいをしてあげますが、これはマッサージ効果もあり、子猫が気持ちよくなって、安心して眠りにつくための「子守唄」のような役割もしているようです。

出し入れ自由なツメ

獲物を狩るため、自分を守るため、猫にとって最大の武器が前足の鋭いツメです。猫は自分の意思でツメを出したり引っ込めたりすることができ、ふだんは指のサヤ状の皮膚の中に引っ込めていますが、獲物を襲うとき、押さえつけて動けなくさせるとき、滑りやすい場所を歩くときや、木に登るときなどには、ツメを出します。

猫のツメは、内側と外側の2層構造になっていて、内側のピンクの部分は「クイック」と呼ばれ、神経と血管が通っています。猫がツメとぎをするというのは、実は外側の古くなったツメを剥がして、常に新しいツメを表面に出しておくためなのです。つまり、外側のツメも玉ねぎのように多重構造になっていて、いちばん外側の切れ味が悪くなったツメを捨てて、その下にできた新しい鋭いツメを使うのです。

通常は、土や石の上を走ったり、木に登ったり、狩りをすることで自然と剥がれていきますが、飼い猫はそうはいきません。そのため、室内で暮らす飼い猫は、ツメとぎという行為でツメのメンテナンスをするのです。

また、前にも述べましたが、マーキングの目的でもツメとぎをします。前足の肉球側にはにおいが出る臭腺があり、ツメとぎをすることで自分のにおいをつけ、またツメ跡を残すことで自分の縄張りを主張します。

ほかにもツメとぎは、「転移行動」の1つとして見られることがあります。たとえば、着地などに失敗したときや、飼い主さんに叱られて気まずくなったときなど、ツメをとぎ始めるといった行動を見かけたことはありませんか？　これは人が何かあったとき気分転換をするように、猫も気持ちを落ち着かせようとした結果の行動です。また、ツメとぎをすることで周囲を自分のにおいで満たして、安心するためだともいわれています。

PART 2 猫のしぐさ、行動から気持ちを読み解く

鳴き声で伝えている、こんな意思表示

猫同士のコミュニケーションは、たとえばお互いに鼻をくっつけるなど、体を使って表現するのが一般的です。でも、ふだんから人間と一緒に暮らしている猫は、飼い主さんに何かを訴え、意思疎通をするために鳴くことがあると考えられています。猫と暮らしていると、「うちの子はけっこう人の話がわかっているのでは」と感じたりすることがあるのではないでしょうか。

猫が鳴くのは、「甘え」「怯え」「興奮」の3つの理由が考えられます。一般にメス

よりオスのほうがよく鳴く傾向にあるといわれていますが、猫の個性によるところが大きそうです。

鳴き声には、基本のパターンがあります。

「はっきりした声でニャーと鳴く」のは、何か要求したいことや不満があるとき。「ドアを開けて」「トイレが汚れている」「ご飯まだ？」など、状況に応じて猫の気持ちを汲み取って、不満を解消してあげましょう。語尾が上がるように「ニャーン」と高めの甘い声で鳴くときは、「遊んでよ」などかまってほしいときや、甘えているときのようです。

「長く強い声でニャーッと鳴く」のは、触られたくないのに、無理やり誰かに触られているなど、何か不快なことがあるときです。飼い主さんが気づかずに、押入れなどに閉じ込めてしまったときなども、まずこの鳴き声で助けを求めます。前出の「はっきりした声のニャー」よりも低い音に聞こえます。

「短くニャッと鳴く」のは、名前を呼ばれたときや、何か声をかけたときに返ってくる鳴き声です。「やあ」とか「はい」といった軽いあいさつといった感じでしょうか。

ドアを開けてもらったときなど、お礼のように「ニャッ」と鳴くこともあります。「ククッ」「カカカッ」「ケケケッ」と鳴くことをクラッキングといいますが、これは猫の狩猟本能からくる興奮状態のときの行動で、室内に虫が入ってきたときなどにも見られます。

「シャー」「フー」と鳴くのは、何かに対して威嚇しているときです。こういうときは体の毛が逆立ち、表情も険しくなっています。

ほかにもさまざまな鳴き声があり、ざっと分類すると約20種類になるといいます。あなたが猫と暮らす中で、鳴き声を聞き取っているうちに、きっとその意味が少しずつわかってくるでしょう。

バリエーション豊富な姿勢や座り方

猫のちょっとした姿勢や座り方には、「怒っている」や「安心している」など、実は猫の感情が表れているものです。それがどんな気持ちなのか理解してあげることも、猫との生活を楽しくするための助けになるはずです。

猫は姿勢を変化させることで、相手への気持ちを表現します。たとえば、敵とみなした相手に怒って、追い払おうとするときはお尻を高くします。まずは自分を強く見せようとするのですね。そして、緊張がマックスに達すると4本の足すべてに力が入り、毛を逆立ててさらに自分を大きく見せて必死に強さをアピールします。

一方、知らない人が家に来たときや、大きな物音がしたときなど、恐怖で怯えているときは、姿勢を低くし、しっぽを後ろ足の間に入れて体を小さく丸め、相手に敵意がないことをアピールします（ただし追い詰められると攻撃に転じます）。

猫は立っているときは、完全にはリラックスしておらず、何かあったときにはすぐ逃げられるよう常に準備していますが、リラックスしている状態では、香箱《こうばこ》座り、横座りなどの体勢になります。

そして、そのリラックス度は、座り方によって異なります。

たとえば、香箱座りは、自分のおなかの下に前足、後ろ足をすべてしまっている座り方で、全体の姿が箱のように見えることから、きれいな香箱に例えられたものです。

座り方でわかる猫のくつろぎ度

スコ座り

足を前に出して座るのは、完全にリラックスしているのではなく、やや落ち着かない座り方です。足の軟骨が固まって足を曲げられないスコティッシュ・フィールドは、この座り方をします。

エジプト座り

上半身を起こして、前足を揃えた座り方。エジプトの神話に出てくる女神が由来とされています。多少警戒心を抱いているときにも同じような座り方をします。

しっぽ巻き座り

上半身を起こし前足をついて体にしっぽを巻いているのは、基本的には警戒している様子と言われていますが、防寒のためや汚れからしっぽを守るためともいわれています。

横座り

四肢を投げ出しているのはリラックスしている状態。ここからおなかを出して仰向けになるときは「遊んで」「かまって」と要求しているといわれています。

スフィンクス座り

後ろ足を体の下にしまい前足を突き出した形で、この座り方をしているときはやや身構えているサインだといわれますが、前足をしまうのが面倒なとき好んでとるポーズでもあります。

香箱座り

自分のおなかの下に前足・後ろ足をすべてしまっている座り方で、すぐに動き出す準備をしなくてもいい落ち着いているときにする姿勢だとされています。

この姿勢はすぐに動き出す準備がなく、リラックスしているときの座り方です。

横座りは、横向きに寝転んで、前足を横に出している座り方です。前足を少し立てているときはやや警戒していますが、ペタッとついているときは警戒心は薄く、くつろいだ状態で、そのまま寝てしまうこともあります。

スコ座りはスコティッシュ・フォールドによく見られるため、この名前がつけられました。デーンとおなかを丸出しにしているその姿がかわいらしいことが知られ、おじさん座りなどとも呼ばれているようです。他の猫種でもこの姿勢をすることがあり、完全にリラックスしているのではなく、やや落ち着いていない座り方です。

警戒しているときの座り方には、スフィンクス座りやしっぽ巻き座り、エジプト座りなどが挙げられます。スフィンクス座りは、後ろ足を体の下にしまい前足を突き出した形で、やや身構えている座り方だといわれています。しっぽ巻き座りは、上半身を起こし前足をついて、体にしっぽを巻いた座り方です。基本的には警戒している姿勢ですが、防寒や汚れからしっぽを守るためにしていることもあります。エジプト座りは、野良猫によく見られる姿勢で、やはり多少警戒しているとされています。上半身を起こして、前足を揃えた座り方です。

座り方が急に変わったときは、痛いところをかばっている可能性もあります。そんなときは動物病院で診てもらってください。

毛づくろいは身だしなみと気持ちを安定させるため

猫は1日に何度もペロペロと毛づくろいをします。

毛づくろいをする目的の1つは、体を清潔にすること。猫の被毛はとても柔らかく、また換毛期に限らずたくさんの毛が抜けるため、自分で被毛を舐めて毛づくろいをすることで、不要な抜け毛を取り除き、滑らかで整った毛並みを維持しているのです。また、被毛に付着したにおいや汚れ、ノミやダニなどの寄生虫も一緒に取り除くことで、被毛や皮膚を清潔な状態にしています。

体温調節も毛づくろいの目的の1つです。猫は人間と同じように全身で汗をかくことができません。そのため毛づくろいをするときに、毛を唾液で濡らして蒸発させることで体温を下げています。一方、冬場は毛づくろいにより毛の間に空気を含ませ、体温から伝わった熱を逃がさないようにしています。

ほかにも、猫はザラザラした舌で毛づくろいを行うことで、その刺激が脳に伝わり、セロトニンという神経伝達物質が分泌され、精神が安定するといわれています。そのため、緊張や不安を解消するために毛づくろいをすることもあるようです。

また、毛づくろいは猫同士のコミュニケーションツールでもあります。猫を2匹以上飼っている家では、猫同士が毛づくろいをしている光景が見られると思いますが、これは「アログルーミング」といわれる愛情表現で、猫同士の間で社会的な絆ができている場合にのみ見られるもの。自分では直接舐めることができない頭や首の部分を舐め合います。

猫は、何かしらのストレスを受け続けていたり、アレルギーなどの皮膚疾患で痒みがある場合や、体のどこかに痛みがある場合などは、過剰に毛づくろいを行います。逆に、毛づくろいをしなくなったときも、体に何か異常が起きている可能性があります。特に高齢の猫の場合は、関節炎などで毛づくろいをすることが困難になったり、認知症で毛づくろいの意思がなくなってしまうこともあります。若い猫でも、疾患がある場合は、毛づくろいをする余裕がなくなってしまうことがあります。どちらの場合も早めの受診が必要です。

おなかを見せてゴロン！

猫がおなかを見せてゴロンと転がる姿を「愛らしい」と感じる人は多いのではないでしょうか。犬がおなかを見せるときは、服従や降参の意思表示だとされていますが、猫はそういう意味でおなかを見せているわけではありません。

猫にとっておなかは急所。胸部《きょうぶ》は肋骨《ろっこつ》で守られていますが、腹部は骨がないため敵に狙われやすいところです。そのため、おなかを見せるのは相手のことを信頼している証といえます。

警戒心の強い動物ですから、動物病院など慣れない場所や不安を抱いているところでは、決しておなかを見せませんが、飼い主さんと暮している家の中では、安心しきっておなかを見せます。

また、猫がゴロゴロと喉を鳴らしながらおなかを見せていたり、背中を床にこすりつけて体を左右にクネクネさせて、飼い主さんを見つめているのは、子猫の頃のような気持ちにもどって甘えているときです。

わざと飼い主さんの目の前でゴロンと仰向けに転がるときは、「自分を見てほしい」とか「かまって」「遊んで」というサインです。この原点は、子猫同士が遊びに誘うときのポーズにあります。子猫のきょうだいが取っ組み合いをして遊ぶとき、よくこんな格好をしてかかってくるのを待っています。「ほら、受け入れ態勢オーケーだよ」と、かかってくるのをワクワクしながら待っているんですね。

飼い主さんが外から帰ってくると、玄関先で仰向けに寝転がる猫もいますが、これも「帰ってきてうれしい」という気持ちと、かまってもらえる期待感を込めた親愛のポーズなのでしょう。

猫がおなかを見せていると、ついつい触りたくなりますが、触られるのを嫌がる猫は少なくありません。触ると急に怒って噛んできたり、キックしてくることもあります。どんなに好きな相手でも、自分が嫌なことをされたら信頼を失います。猫がおなかを触ることを嫌がるようなら、無理に触らないようにしてあげましょう。

猫たちが送っている熱視線

あのつぶらな目で、猫にじっと見つめられると、なぜかキュンとしてしまいます。猫は、自然環境の中で、他の猫と視線を合わせることはほとんどありません。もし他の猫と目が合っても、立場の弱い猫がさっと視線を外します。猫同士でじっと見つめる行為は、相手を敵と見なしているということを表します。

猫が飼い主さんのことをじっと見つめている、そんな視線を感じたことはありませんか？

猫が飼い主さんのことを見つめるのは、1つには何かをしてほしいときのアピールだと考えられています。たとえば、飼い主さんがキッチンにいるときに目を見開いて見つめてくるなら、「ご飯ちょうだい」と食事の要求かもしれません。飼い主さんが読書やゲームなど、何かに没頭しているときに、「ニャーニャー」と鳴きながら見つめてくるときは「もっとかまって、遊んでほしいな」という要求かもしれません。

猫にじっと見つめられたときには、猫が何を要求しているかを想像して、そのつど対応してあげましょう。

一緒に長く暮らしていればいるほど、何を要求しているのか、どうしてあげればいいのかがわかってくるでしょう。

猫は特に何も考えていなくても、あなたをじっと見つめることがあります。人間同士なら、見つめる行為にはいろいろな意味がついてきます。ところが猫は、特に意味も考えもなく、視線を固定することがあるのです。格別見たいものがないので、部屋にいる飼い主さんを見ている、とりあえずやることがないので、飼い主さんの正面に座ってみた……。そんな程度の理由なのです。

これも猫らしいといえば、猫らしいですね。ただ、猫は苦手なものや嫌いなものをじっと見つめることはありませんから、あなたは少なくとも「嫌われてはいない」ことの証明にはなるでしょう。

うっとりからのいきなりの「ガブリッ」

猫のほうから甘えてきて、なでてほしそうにしていたからなでていたのに、急に噛みつかれた。こんな経験、ありませんか？　これは「愛撫誘発性攻撃行動」といって、猫とスキンシップをとっているときによく起こる現象です。最初は喉を鳴らして気持ちよさそうにしていたのに、急に飼い主さんの手を噛んだり、引っ掻いたり、猫パンチや猫キックを繰り返す行動。猫はなぜ突然攻撃をしてくるのでしょう。

第一の理由は、触ってほしくない場所を触ったからです。猫は顔や首回りをなでると目を細めて喜びますが、しっぽやおなか、足などをなでられるのは嫌がることが多く、触った途端に怒ることもあります。

第二の理由は、なで方が気に入らないということがあります。猫が好むところをなでてあげたとしても、なで方が乱暴であったり、猫が嫌がるなで方をしてしまうと、やはり機嫌を損ねてしまいます。猫は小さな舌をクシ代わりにして毛づくろいを丹念に行いますが、人が指の腹でやさしくなでるのは、これと似た感触なので喜びます。でも、手のひら全体でおなかをなでたり、足をギュッと握ったりすると、猫は不快感と同時に警戒心を抱く可能性があります。

第三の理由は、なでている時間が長くて、単純に飽きたからというもの。猫は、気持ちがいいときはそのままにさせておきますが、しばらくすると満足して「もう十分だよ」という気分になります。

実はこのとき、しっぽを左右に振り始めたり、耳をぺったり後ろに寝かせて、「もう、そろそろやめて」という気持ちを示しています。このようなサインが出たら、触るのをやめればいいのですが、気づかずに続けていると、しっぽの振れは大きくなり、それでもやめないとガブッと噛みつくことがあるのです。

でも、これは猫の自己防衛本能によるもので、あなたと猫の関係性が悪いわけではありません。まして猫に悪気があるわけがありません。そんなときは猫の気持ちが落ち着くまで触れずに、そっとしておいてあげましょう。

ただし、こうした状況ではなく、猫が不意に噛みつくことがあります。問題行動として、飼い主さんや他の猫に対して攻撃してしまうのです。八つ当たりや恐怖心、病気など理由はいろいろですが、その場合は一度動物病院に相談してみましょう。

窓の外を見ているのはお外に出たいから？

猫は、窓の外をよく見ていると思いませんか？　窓辺に佇む猫は絵になる光景ですが、ジーッと外を見ている姿に「本当は外に出たいのかな」と思う飼い主さんもいらっしゃるのではないでしょうか。でも、猫はそれほど外に出たいと思っているわけではないようです。なかには冒険好きで、外の世界に憧れている猫も少なからずいるかもしれませんが、窓から外を眺めているのにはもう少し別な理由があるようです。

まず考えられるのは、縄張りを見張るため。猫は縄張り意識が強い動物ですから、自分の縄張りに入り込もうとする部外者は追い払わなくてはなりません。室内で暮らしている猫の場合は、その部屋の中が自分の縄張りのため、縄張りの境界線である窓から外を眺めて、侵入者がいないかどうかを見張っているのでしょう。

また、窓の外では、人が通ったり、木々が風に揺れたり、雲が流れたり、子どもたちがこちらを見ていたり、小鳥が枝に止まったり、散歩中の犬がこちらを睨んだり……、始終小さな変化が起きています。好奇心が強い猫は、きっと窓の外のそんな風景を眺めているのが好きなのでしょう。猫は、寝ている、食べている、毛づくろいをしている、飼い主さんと遊んでいる、ということ以外の時間はほとんど何もすることがありません。それでも退屈しないのは、窓の外の変化を楽しんでいるからかもしれません。もっとも、猫の視力は人間でいうとせいぜい0・3程度といわれ、色では赤系を認識しないとされているので、猫の目に映る風景と人の目に映る風景は異なります。

外を見ていて、雀《すずめ》や烏《からす》が近くにやってきたりすると「カカカ」という鳴き声を発することがあります。これはクラッキングと呼ばれ、獲物を見つけたときに発する鳴き声です。

安全なかわりに狩りもできない室内暮らしですが、窓の外の風景があれば、たまに刺激を受けたり、ちょっと楽しい思いをしたりできるはず。窓際は猫にとって好奇心を満たす、とっておきの場所なのかもしれません。

猫のお気に入りの窓は、ブラインドやカーテン、スクリーンなどで完全に覆わず、できれば外がよく見える状態にしておいてあげてください。ただし、なかには外猫の存在を感じると強いストレスになる猫もいるため、飼い主さんは注意が必要です。

その日の気分で寝る場所を変えるのはなぜ？

せっかく猫ベッドや猫ハウスを用意してあげても、毎日あちこちちがう場所で寝ている。これも、猫と一緒に暮らしていて不可解なことの1つかもしれません。実は、猫は季節や気分によって寝床を変えているようです。

猫が寝る場所を選ぶ基準は、温度や湿度がちょうどよく、静かで安全なところです。夏になると、玄関やフローリングの床の上で寝たり、冬にはコタツの中やストーブの傍、電気カーペットの上など、そのときの家の中でいちばん涼しい場所、暖かい場所を選んで寝ているようです。猫は寝る場所を変えて、体温調節をしているのです。

キャットタワーのいちばん上やタンスの上、棚の上など、なぜか高いところで寝ているときもあります。この場合の1つは寒いと感じているときです。暖かい空気は上に流れるので、なるべく高いところで寝るというわけです。

もう1つの理由は、騒がしかったり、知らない人が来ていたりと、落ち着かない、安心できない状況にあるときです。猫にとって、高いところは敵が少なく、安心、安全な場所だからでしょう。

また、猫は防御本能が強く、もし寝ている間に外敵から襲われても、逃げたり反撃できるように、浅い眠りなことが多いといわれています。そのため、こまめに起きて、寝る場所を変えているとも考えられています。

猫がどこで寝るかは、そのとき気に入った場所というのが答えです。人間のように毎日決まった場所で寝る習慣はなく、猫は自分で寝場所を選びたいのです。

猫は体調が悪いと、暗くてひんやりした場所で寝たがります。浴室や玄関のタイルなどでずっと寝ている場合は、体調が悪化している可能性があるのでチェックしてあげてください。

忙しいときや仕事中ほど、膝に乗ってくるのはなぜ？

いつもは、こちらが気にかけても「我、関せず」とばかりに素知らぬふりをしていることも多い猫が、突然膝の上に乗ってくる。しかも、こちらがデスクに向かって仕事や勉強をしているときや、集中しているときに限って……よくありますよね。猫は自分だけで過ごしたいときもありますが、猛烈に飼い主さんにかまってほしいときもあるようです。

特に、甘えん坊で自己主張の強い傾向にある猫は、飼い主さんの注意がよそに向いていると、いきなり膝の上に乗ってきて、膝の上でゴロゴロしたり、前足で顔を触ってきたりして、「かまって」とアピールします。

また、猫が膝の上に乗ってくるのは、飼い主さんを信頼しているからこその行動です。飼い主さんの膝の上は温かく、飼い主さんのにおいに包まれて安心することができます。膝の上に乗って、飼い主さんの顔をジーッと見つめたり、甘えた声で「ニャー」と鳴いたりすると、自分のほうに注意を向けてくれるため飼い主さんになでてもらいたいときや、たくさん甘えたいとき、猫は膝の上に乗ってくるのでしょう。

猫が「ニャーニャー」と鳴きながら膝の上に乗ってきたら、もしかするとおなかがすいていてご飯がほしいとか、トイレに行きたいけれど汚れていて不快だからきれいにしてほしい、あるいは遊んでほしいなど、何らかの要求を訴えているのかもしれません。そんなときは何を求めているのか、猫の気持ちに寄り添って考えてみましょう。要求を満たしてあげれば、落ち着いてくれるでしょう。

猫は自分にとって心地よい場所を探す名人ですから、自分がリラックスしたいときには、いちばん安心できる人の傍に行き、膝の上に飛び乗ってくつろぐ体勢に入ります。また、単純に寒さをしのぐために、ということもあるでしょう。

人間側からすると、自分ものんびり過ごしているときであれば、いくら膝に乗って来られても平気ですが、たいていの場合、なぜか「いまここで！」というタイミングのときが多い気がしませんか。猫好きの悲しい習性で、自分の膝の上で猫がリラックスしていたら、そのままそっとしておきたくなります。けれども、人にはやらなくてはいけないこともたくさんあります。やむなく、猫の体をそっと膝から下ろし立ち上がらなければいけないときもあります。

でも猫好きのみなさんは、猫が心の中で「膝に乗ったらしばらくはじっとしていて、一緒にいてよ」と本音をつぶやいていることはご存じでしょう。猫に愛される人になるためには、できるだけ人もゆったり、のんびり、心に余裕を持った生活を送ることが大事なのかもしれません。

最近よく聞く「ネコハラ」って何？

在宅勤務をする人が増えているなか、飼い主さんの間では「ネコハラ（猫ハラスメント）」が話題になっています。SNSにはそんな画像や動画がたくさんアップされていますね。猫と一緒にいる時間が長くなった分、何かの作業を邪魔される機会も増え、かわいいながらも「ちょっと困ったな」と感じている方は意外と多いのではないでしょうか？

たとえば、パソコンに向き合って仕事をしていると、猫がどこからともなくやってきてデスクに乗り、モニターにスリスリしたり、キーボードに前足を乗せたり、歩いたり。これではなかなか作業が進みませんね。

猫がパソコンを占領する理由は、カーソルやスクリーンセーバーの動きに興味を惹かれていることが考えられます。特に、カーソルの動きは虫が飛ぶ動きを連想させるのか、野生の本能が刺激されるのでしょう。また、起動中のパソコンは温かいので、猫にとって特に冬場などは、昼寝に絶好の場所なのかもしれません。

そしてもう1つ、飼い主さんの気を惹きたいというのも、猫がパソコンに乗る大きな理由だと思います。これはアピールの行動で、猫が学習して得た技といえそうです。猫がパソコンを占領すると、飼い主さんは当然、猫を抱き上げ床に下ろします。猫は、そんな飼い主さんの行為を、自分をかまってくれたと理解します。そのため、また同じことをしてほしくてパソコンを占領するようです。

また、猫は新聞やチラシ、仕事の書類、本など、紙類の上に乗ることがよくあります。これもやはり、かまってほしい気持ちの表れです（単純に紙好きの猫もいますが)。猫は、飼い主さんがしていることや、見ているものなどのスペースに入ることで、自分を見てくれることを知っています。だから、読んでいる新聞の上や書類の上にわざと乗ってくるのです。

遊んでほしくて乗ってくることもあります。そんなときはいたずら心がいっぱいだったりするので、紙をクシャクシャにしてしまうということも。できれば仕事の手を少し休めて遊んであげてください。

ネコハラは飼い主さんが大好きだからこその行動なので、大目に見てあげましょう。いたずらをされて困るときは放置しておかないようにするなど、気をつけてあげるのも飼い主さんの役割です。

時間に余裕のあるときはそっぽを向いているのに、仕事を始めると膝に乗ってくる、デスクの上にある物を落とすのは「猫あるある」ですが、猫にはそれぞれの個性があり人との接し方にも好みがあります。これを人間側が、自分の思うようになるようしつけようと思っても無理で、猫と暮らすということは「人ができるだけ猫に合わせる」というおおような気持ちを持つことが大前提になります。

PART 3 猫ががまんしているサインを見逃さない

放っておくと毛玉が溜まってしまいます

毛づくろいは、猫の心と体のケアに欠かせない行動です。1日に何度も行いますが、問題は被毛を舐めているうちに、抜けた毛をいつの間にか飲み込んでいることです。飲み込んだ毛は、普通は便と一緒に排出されるか、吐いて排出しますが、うまく排出することができないまま放っておくと、胃の中で毛玉が大きくなってしまい、いわゆる毛球症になってしまいます。

毛球症になると猫は、吐こうとして吐けないしぐさが増えたり、食欲不振や嘔吐などの症状が表れ、おなかを触られるのを嫌がったりします。重症になると、腸閉塞につながる恐れもあり、外科手術が必要な場合もあります。

対策は、毛玉ケア用のフード（毛球除去剤）を与える、キャットグラスを用意する、日頃からブラッシングをまめに行うなど。

毛玉ケア用フードは、食物繊維を多く含んでいるため、便と一緒に毛玉を排出する効果が期待できます。キャットグラスは、主にエン麦や大麦若葉などのイネ科の植物で、食べた際にチクチクした葉が消化器を刺激することで嘔吐反応が起き、毛玉を吐き出しやすくします。キャットグラスを好まない猫もいますが、その場合にはエノコログサ（ネコジャラシ）を試してみてはどうでしょう。エノコログサはイネ科の植物で、与えるとさんざん遊んだ後に茎や穂を食べて、しばらくするとクシャクシャの残骸と一緒に毛玉を吐き出すことがあります。ただし、摘んできたものは除草剤や農薬がかかっていることがあるので、避けてください。

また、毛玉ケアにブラッシングは基本中の基本です。抜け毛を取り除くことにより、猫が飲み込んでしまう毛の量を減らすことができます。

タバコの煙は苦手なんです

タバコが人の体に悪いことはよく知られています。それならば、猫の体にも悪いことは当然。まして人よりも小さい猫にとっては相当な負担だと思いませんか？

タバコの煙には、喫煙者が吸う「主流煙」、喫煙者が吐き出した「呼出煙《こしゅつえん》」、タバコから立ち上る「副流煙」があります。飼い主さんやその家族がタバコを吸うと、猫は空気中に漂い出た呼出煙と副流煙が混ざった煙にさらされることになります（受動喫煙）。特に副流煙は有害物質が多く含まれ、厚生労働省によると、主流煙よりもニコチンは2・8倍、タールは3・4倍、一酸化炭素は4・7倍にもなり、発がん性のあるベンゾピレン、ニトロソアミンなどの化学物質も含まれています。

猫のタバコによる健康への影響は、この受動喫煙のみならず「三次喫煙」によることも指摘されています。三次喫煙とは、タバコの火が消された後も残留する化学物質（衣服や壁、カーテン、カーペットなどに付着したタバコの煙の成分を吸入すること）

ですが、この残留成分は当然、猫の毛にもついてしまいます。

猫は毎日、熱心に毛づくろいをしますから、体表に付着した有害物質を全部舐めとってしまうのです。また、猫の傍でタバコを吸わなくても、喫煙者の服や髪の毛、手にはタバコの残留成分がついています。そのまま猫を抱っこしたり、なでたりすることによって、その粒子は猫の被毛についてしまいます。

愛煙家の飼い主さんは、ご自身のためにも、愛猫のためにも、ぜひ禁煙を考えてみてください。

お部屋のアロマやお花、実は猫ちゃんにとっては危険です

さまざまな香りと効能が楽しめるアロマオイルは、癒しのアイテムとして根強い人気があります。アロマの香りに包まれて猫とリラックスタイムを過ごしたい、と考えている方もいるかもしれません。でも、それは厳禁です。

猫にとってアロマセラピーに使われる精油（エッセンシャルオイル）は、毒にもな

りかねない危険性があります。実際、精油を舐めた猫が死亡した例や、毎日アロマを焚いた部屋で一緒に暮らしていた猫が、血液検査で肝臓の機能を示す数値が異常に高かった例が報告されています。

精油は、100%天然植物由来のオイルで、葉や全草、木などから抽出した成分を高濃度に希釈したものです。そのため通常、精油の取扱注意書には、「誤って皮膚や粘膜に付着させない」「口にしてはいけません」ということが書かれています。つまり、精油は人間にも強い作用を引き起こす成分を含んでおり、誤って飲んでしまうと最悪、死にいたる可能性もあるのです。

猫にとって精油が危険なのは、それだけではありません。完全な肉食動物である猫は、肝臓の機能が、雑食の犬や人間とは異なるからです。肝臓は、体にとって有害な物質を無害な物質に変化させ排泄する解毒作用を持っています。ところが、猫は犬や人間と異なって、ある特定の植物が持つ毒性に対し、肝臓による解毒作用が働かないのです。そのため、精油の一部の成分が解毒できず、体に蓄積され体に悪影響を与えることがわかっています。

すべての植物が猫にとって危険というわけではありませんが、ユリ科やサトイモ科、ネギ科の植物などは、猫に対して毒性があります。アニマルアロマセラピーに関心のある飼い主さんもいるかと思いますが、素人《しろうと》が行うのは非常に危険です。必ず、アニマルアロマセラピーに精通した獣医師に相談してください。

暑さ、寒さの変化に注意を

猫の祖先はもともと暑い地域で生息していたため、猫は人や犬よりも暑さに強く、熱中症にもなりにくいといわれています。

しかし、猫は人のようには汗をかかないため、体温をうまく下げるのが苦手です。体にこもった熱を逃がすため、体を長く伸ばしてできるだけ外気に触れるようにして、被毛の間に風を入れるようにしたり、被毛を舐めて唾液が気化するのを利用したりしています。

毛の長さや肥満度、好みによって快適な温度に多少の差がありますが、猫にとっての適温は20～28℃、湿度は50～60％が最適だといわれています。それだけに夏場に猫だけで留守番をさせるときは、十分な注意が必要です。特に最近の住宅は機密性が高く、日当たりのよい部屋だと室温が40℃近くになることもあり、ほかに逃げ場がない状態だと、熱中症の危険が高まります。

そのため、猫だけで留守番をさせる際にも、エアコンのスイッチはオンのままにしておきましょう。設定温度は28℃くらいがベストです。あまり低いと体調を崩す可能性もあります。また、部屋を閉め切らず、別の部屋に移動できる逃げ道をつくってあげましょう。そうすれば、猫は「寒い」「暑い」と感じたとき、自分にとって適温の場所を探して移動します。

ちなみに、猫は体温が41℃を超えると、体内の機能が正常に働かなくなり、危険な状態になってしまいます。

①息が荒くなり、口を開けて舌を出し「ハッハッ」としている
②体がいつもより熱い（耳を触るとわかりやすいです）

③ぐったりしていて、周囲の呼びかけに反応が弱い
④痙攣を起こしている

などの症状のうち1つでも観察されたら、すぐに病院へ連れていってください。

一方、冬は冬で寒さ対策が必須です。特に、猫ヘルペスウイルス感染症や猫カリシウイルス感染症という、いわゆる「猫風邪」には注意が必要です。人間の風邪と同じように鼻水やくしゃみ、目やになどが見られ、悪化すると肺炎を起こしてしまいます。ほかにも下痢や食欲不振など、冬は体調を崩しがちです。

たいていの猫は、暖房をつけると暖かい場所に真っ先にやってきます。本体の一部が高温になるストーブや、吹き出し口が高温になるファンヒーターは、火傷の恐れがあるので、ガードを設置するとよいでしょう。スイッチが上部に並んでいるファンヒーターは、猫が上に乗った拍子にスイッチを押してしまい、誤作動を起こす可能性がありますから、チャイルドロックなどロック機能をまめに使いましょう。

火気を使う暖房器具はくれぐれも注意が必要で、人が不在の部屋ではスイッチを入

れっぱなしにしないことです。

コタツは、人間が暖をとる温度では高すぎるので、猫が入っているときや入ってくるのがわかっているときは、スイッチを切ったままにしておくのがいいと思います。寒さが厳しい地域では、いちばん低い温度設定にしておきましょう。

設定温度が高いと、密閉されたコタツの中では酸欠や熱中症のような症状になることがあります。重い布団がかけられていたりすると、子猫などは熱くても中から自分で出られなくなり危険です。安全を考えれば温度は「低め」を推奨します。これはペット用のヒーターやあんかなどでも同じです。

「発情期」を放っておかないで

猫は基本的に、日照時間が長くなる春先から夏にかけて発情する「長日繁殖動物」です。でも、人間と一緒に室内で暮らしている猫は、四季の日照時間に関係なく照明の光を浴びているので、日照時間の短い季節でも発情しやすい環境にあるといえます。

メスの最初の発情は生後半年から10カ月頃（なかには生後半年よりも早く迎える猫もいます）。多くの動物は決まった周期で排卵が起こる「自然排卵動物」で、タイミングよく交尾することで受精します。それに対して猫は「交尾排卵動物」といって、交尾の刺激で排卵が起きます。そのため、発情にともなう出血もなく、妊娠する確率も非常に高くなります。オスには発情周期というものはなく、メスの周期に反応して発情します。

発情期中のメス猫は、大きな声でずっと鳴き続けます。初めて猫と一緒に暮らす人は、その声の大きさに驚くと思います。これはオスに自分の居場所を知らせるための本能です。オス猫はメス猫ほどではありませんが、メスの呼びかけに応えて鳴くこともあります。この場合の大きな声は警戒のサインで、他のオスを寄せつけないためだと考えられます。本能による行動ですから、やめさせたりすることはできません。無理をすると猫にとって大きなストレスになってしまいます。飼い主さんが猫の本能に生活を合わせて、やさしく見守ってあげることが大切です。

また、発情中のメス猫は、ふだんよりも甘えてくるようになります。飼い主さんにとってはちょっとうれしいことかもしれませんが、それに応えて頻繁になでたりすると、それが刺激となりさらに発情が激しくなることもあるので、甘えてきても放っておくことです。

発情期の猫は、家のあちこちにオシッコをしてしまいます。オスは、自分の縄張りをアピールするため、オシッコをまき散らします（スプレー）。メスはオスを引き寄せるため、オシッコをして自分のフェロモンをまき散らします。これもやはり叱ってやめるものではありません。オシッコがかかりそうな場所にトイレシートを敷いたり、防水シートを貼ったりと、掃除や管理がしやすい対策を考えてみましょう。

また発情期には、他の猫と接する機会を避けましょう。オス猫もメス猫も、異性の猫に反応して興奮してしまいます。1頭飼いであっても、窓の外に他の猫の姿が見えると、同様に反応しますから注意が必要です。発情すると他の猫を求めて外へ出ようとしますから、家の戸締りは厳重にしておきましょう。

発情期の行動を切り抜けるには、以上のようなことが挙げられますが、残念ながらいずれも根本的な解決にはなりません。発情期に入ると周期的にこのような状態が何回か繰り返されます。避妊手術を受けさせるべきかの悩みが生じるのがこんなときだと思います。猫の気持ちを想像すると、何度発情を繰り返しても、本能の欲求が満たされないとつらいのではないでしょうか。

人間が猫たちの繁殖制限をすることに「かわいそう」と思う方もいらっしゃいますが、繁殖の制限には健康管理やストレスケアといった点でもメリットがあります。避妊・去勢手術を受けることで、マーキングが減り穏やかになることや、乳がんなど生殖に関する病気の予防効果が高くなることがわかっています。

何だか食欲がありません

いつものフードなのに、食べたり食べなかったり。猫がご飯を食べなくなると、心配になりますよね。

でも、それには猫なりの理由があるようです。猫は、食に対してこだわりが強く、もともと偏食の傾向があります。味だけでなく香りや食感、喉越しなどにも、猫それぞれの好みがありますが、猫の味覚や食べ物の好き嫌いについては謎も多いものの、猫が食べ物を選ぶには次の基準があるとされています。

①におい
②形・大きさ
③食感
④味
⑤栄養バランス

急にフードを変えたときなど、それが口に合わないと食べないことがあります。その場合は、フードの内容を見直してみてください。

また、「ご飯を食べた直後に吐いた」とか、「ご飯に苦い薬が入っていた」など、嫌な体験とフードが結びついてしまうと、いままで大好物だったはずのフードでも、突然食べなくなることがあります。この場合もフードの内容を見直してあげてください。

単純に同じ食事に「飽きたから」、食べなくなるというケースもあります。興奮しているときや恐怖を感じているとき、あるいはストレスや疲労を感じているときなど、猫は一時的に食欲がなくなることもあります。

たとえば、引っ越しをして新しい環境になったり、知らない人が家に来たりすると、それがストレスになってご飯を食べなくなることも。周囲が騒がしかったり、食事の場所がトイレに近いなど、食事環境が悪い場合にも食欲が低下することがあります。避妊・去勢手術をしていない猫であれば、発情期を迎えるとご飯を食べなくなることもあります。

離乳後まもない子猫であれば、フードが硬すぎたり粒が大きすぎて、食べられないということもあります。高齢の猫の場合は、消化機能や嗅覚が低下して、食が細くなる傾向にあります。

「体重が減っている」「ご飯を食べない」「元気がない」「水も飲まない」というときは、何かの病気のサインかもしれません。

特に、吐く、下痢をする、息が荒いなどの症状がある場合は、早めに動物病院を受診しましょう。

また、成長期の子猫は食事を抜くと低血糖になりやすいため、元気があっても受診が必要です。おとなの猫でも24時間以上食べていない場合は、特に症状がなくても獣医師に相談したほうがよいでしょう。

いつもより寝ている時間が長い、動きが鈍い気がします

猫の1日の睡眠時間は、おとなの猫で10〜16時間、子猫や高齢の猫で平均20時間ほど。そのため、猫が体を休めている姿を見かけること自体は、よくある日常的な光景といえます。

ただ、猫は痛みや不調を隠すのがとても上手です。弱ったところを見せると敵に隙を与えてしまうとわかっているのでしょう。人間に対しても、たとえそれが飼い主さんであっても、「そっとしておいてほしい」と距離をとろうとします。

そんな不調のサインの1つが「体の休め方」や「眠り方」です。

まず、いままでと比べて寝ている時間が増えた場合は、体調不良を疑ってみることです。関節炎などで動くと痛みを感じたり、膀胱炎などでおなかに違和感があったり、原因はさまざまですが、不調に耐えるためにじっとしている可能性があります。

猫は、自分が暮らす家の中にお気に入りの寝場所をいくつか持つのが普通ですが、体調不良による緊張感や、本能的な防御行動として、いつもの場所以外のところで寝ていたり、より人の手の届きにくい高いところや、いつもは潜り込まない狭い場所などを選んで寝るといった行動を見せる場合があります。

また、体調が悪く素早い動きができない状況のときには、何かあってもすぐに動けるように、足を地面につけたまままうずくまる姿勢でじっとしていることがあります。

こうした異常に気づいたら、早めに動物病院を受診してください。

猫はがまん強い動物です。体調の悪さ、痛みなどを訴えるよりもじっと耐えていることが多いため、様子がわかりづらいことが多いのですが、高熱や痛みが出るような病気では動きが鈍くなります。

たとえば、関節炎はその代表格です。特に高齢の猫に多く、足の関節に痛みがあると活動性が低下し、いままでは一発でジャンプしていたところを中間地点を経由し、2回に分けて登るようになったり、高いところ自体にあまり登ろうとしなくなったり、病気が進行するとほとんど動かなくなります。

また、高齢猫の場合、体の機能や活動性、食欲が低下しますから、どうしても動きが鈍くなります。慢性腎臓病、がん、甲状腺機能亢進症など、さまざまな病気が隠れていて動かないことも。高血圧により視覚異常がある場合には視界不良のため、あまり動かなくなることもあります。中年齢によく見られる病気に膵炎や膀胱炎などがありますが、これらの病気は痛みが強く、罹患《りかん》するとやはり動きが鈍くなります。

毛づくろいをしている時間が長い気がします

毛づくろいは猫にとって大事な日課で、起きている時間はよく体をペロペロと舐めています。でも、あまりにも過剰に毛づくろいをしていると、心配にもなります。

マッサージ効果がある毛づくろいは、猫にとってリラックスタイムでもあり、ストレス軽減を図っているとも考えられますが、一方で猫は強いストレスや不安を感じたとき、自分の体を舐めて落ち着きを取り戻すといった葛藤行動を見せることがあります。たとえば、飼い主さんにかまってもらえない、留守番が多い、引っ越し、家族が増えるなどのストレスから、毛づくろいを続けているという場合や、アレルギー性皮膚炎や、皮膚糸状菌症という真菌感染など皮膚に何らかの異常がある場合にも、過剰な毛づくろいをすることがよくあります。

過剰な毛づくろいが続くと、舐め続けた箇所は脱毛し、皮膚の炎症を引き起こす可能性があります。さらに、傷口から細菌が侵入し化膿してしまうこともあるのです。それだけでなく、大量に抜けた毛を飲み込んでしまうことによって、嘔吐の回数が増えてしまうことも。それによって胃や食道にダメージを与えてしまうことにもつながります。ふだんよりも毛づくろいが長く続くと感じたときは、舐めている箇所の皮膚を観察して、異常があった場合には早めに獣医師に診てもらいましょう。

一方、「いままで毛づくろいをしていたのにしなくなった」というケースがあります。これも猫に何かの異常が起きているサインの可能性があります。

考えられることの1つは老化です。高齢になると体力が低下し、自分の体を手入れする余裕がなくなってしまうことや、関節炎で体が曲げにくくなることもあります。また、太りすぎで、脂肪がじゃまをして体を曲げにくくなり、毛づくろいができなくなっている場合もあります。さらに、何らかの病気が原因で体力の低下や体調不良を招き、毛づくろいをしなくなった可能性も考えられます。

ほかにストレスが原因ということも。ストレスが溜まると過剰な毛づくろいをすることは先述しましたが、逆にストレスで毛づくろいをしなくなる猫もいます。

お水を多く飲む、逆にあまりお水を飲まない場合

猫の祖先であるリビアヤマネコは砂漠に生息し、少ない水分でも生きられるように適応していたため、猫の体は水分をたくさん摂るようなつくりにはなっていません。水分の必要量と飲水量は厳密には異なるのですが、1日に猫が飲む水の目安は体重1kgあたり30〜40mℓ程度です。しかし、ウェットフードはドライフードよりも水分を含

んでいるため、食事の内容で水の量は異なります。体重1kgあたり50㎖以上の水を飲んでいたら体に異常があるサインです。この場合は動物病院に連れて行ってあげてください。

飲み水の量が増えたときに考えられる病気として、慢性腎臓病など腎臓の病気や糖尿病、甲状腺機能亢進症、子宮蓄膿症（メス猫）などがあります。ほかに肝不全などでも、よく水を飲むようになります。

また、病気でなくても、いつもとちがう食事内容のときや、塩分量が多いときに水をたくさん飲むことがあります。

あまり水を飲まないといわれる猫ですが、水分摂取量が極端に少ないと脱水症状を起こしてしまいます。猫は体内の水分量の10％が失われると命に関わる状況になることがあります。ぐったりしている、歯茎が粘つく、食欲がなくなる、などの症状が表れたら、すぐに動物病院で診てもらってください。

水を飲まないと、尿石症、膀胱炎、腎機能低下などの病気のリスクも高まります。猫は口内炎や歯周病、口内のけがなど、口の中に痛みがあると水を飲みませんから、口の中の健康チェックも常に心がけてください。

食事から十分な水分が摂れているときは、猫は水をあまり飲みません。たとえば、ウェットフードやペーストタイプのおやつは水分の割合が多いため、たくさんの水分を摂ることができます。こうした場合は心配いりません。

猫はけっこう神経質ですから、水の入った器が好みではない場合や、水飲み場が猫にとって居心地が悪い場合、水そのものの味が気に入らない場合なども、水を飲まなくなります。飼い主さんから「水道水でもいいですか？」と尋ねられることがありますが、それは問題ありません。猫は器に入れてから長時間経過している水を嫌います。水はこまめに入れ替えるようにしましょう。

第 3 章

いつまでも猫と楽しく暮らすコツ

PART 1 健康で長生きしてもらう方法

ブラッシングでスキンシップ

猫はブラッシングが大好きです。これは子猫時代に、母親が舌で全身を毛づくろいしてくれた記憶が残っているためだと考えられています。

ブラッシングは、抜け毛を除去するほか、被毛にツヤを与え、マッサージによる血行促進とリラックス効果で、免疫力がアップするともいわれています。毛づくろいで飲み込んでしまう毛の量を減らせるので、毛球症の予防にもなります。

そして何より、ブラッシングでの触れ合いは、猫との大切なスキンシップの時間であり、コミュニケーションタイムです。飼い主さんに毛づくろいをしてもらうことで、猫は安心感を得られます。

ブラッシング好きの猫は、飼い主さんがいつもブラッシングをする場所に座ると、「待ってました！」とばかりに駆け寄ってきたり、ブラシ類を入れてある箱に顔をすりつけて、「これ、早くやって」とねだったりします。

ブラッシングは毎日行うのが理想的ですが、なかには嫌がる猫もいますから、慣れないうちは無理をせず、猫の様子に合わせて行うことが大事です。おなかやしっぽ、足元に触れられるのが嫌いな猫も多くいます。1回ですべて行おうとはせずに、嫌がったら一旦やめるなど、様子を見ながら少しずつブラッシングをするのが、猫にブラッシングを好きになってもらうコツです。

猫が気持ちいいと感じてくれるようになったら、ぜひ日々の触れ合いタイムとして活用してください。

🐾大変でも歯みがきはまめに

猫にも歯みがきをしてあげましょう。虫歯にはなりにくいといわれていますが、歯みがきをしないと歯の表面に歯垢が溜まりやすくなり、それが唾液中のミネラル分と合わさると、歯石となって歯に付着します。歯石を放置しておくと歯肉炎や歯周炎など歯周病になりやすく、ついには歯槽膿漏になって歯がぬけてしまうこともあります。

歯周病は口内環境が悪化するだけでなく、歯周病の原因菌が歯肉の血管から全身に入り、心臓や腎臓などの病気を引き起こしたり重症化させる可能性もあります。そのため、口中を健康にすることは、全身の健康を維持することにもつながるのです。

そのためには、毎日の歯みがきが欠かせません。とはいえ、いきなり磨くのは難しいので、徐々に時間をかけて慣らしましょう。できれば子猫のうちに慣らしておくのがベターです。子猫を迎え入れるなら、永久歯が生えそろう生後4～6カ月頃までに慣らしておきたいですね。本書でも猫の歯みがきの方法を簡単に説明いたします。

【猫の歯みがきの方法】

まず、猫用の歯みがき剤と専用の歯ブラシを用意します（歯ブラシは人間の赤ちゃん用ブラシでも代用できます）。人間用の歯みがき剤の中にはキシリトールが配合されているものもあるため使わないようにしましょう。猫にとってキシリトールは低血糖になり、意識の低下や痙攣、肝障害を起こす可能性があるといわれています。

歯みがきの基本的なやり方は、次の通りです。

①初めての歯みがきは、猫がリラックスしているとき、口を触らせてもらうことから始めます。いきなり口を開けさせようとはせず、徐々に指に慣れさせましょう。

②口を開けて指で触っても大丈夫になったら、ブラシを使って切歯（前歯）や犬歯をブラッシングして様子を見ます。嫌がるようならそこでやめて、また別の日に改めてトライします。

③ブラシに抵抗するときは、指にガーゼを巻いて（市販の歯みがきシートもあります）、歯の表面をこするだけでもいいと思います。

④徐々にブラシに慣れてきたら、少しずつ時間を増やして切歯、犬歯、臼歯《きゅうし》（奥歯）を順にブラッシングします。ブラシの角度は約45度で、歯と歯茎の間に溜まった歯垢を掻き出すイメージでみがきます。最も歯石が溜まりやすいのは上顎の臼歯なので、そこを重点的にみがいてあげましょう。

最初は週1～2回から始めて、最終的に1日1回歯みがきができるようになるのが理想的です。

🐾猫に負担をかけないツメの切り方

本来、狩りをして生活をしていた猫は、鋭いツメが必要不可欠でした。しかし、狩りをする機会もない飼い猫の場合、その鋭いツメが人と一緒に暮らす上で障害になることがあります。抱っこしたとき、伸びたツメでしがみつかれると痛いですし、カーテンや絨毯《じゅうたん》に引っかけて猫がけがをする可能性もあります。

また、ツメが伸びすぎていると肉球に刺さり、化膿してしまうこともあります。多頭飼いでは、猫同士のケンカやじゃれつきで大けがをしてしまうこともあります。そのため、猫のツメ切りは大切なケアの1つです。

ツメ切りの目安は「尖《とが》ってきたな」と思ったときです。最低でも月に1回は行いましょう。高齢の猫はあまりツメとぎをしなくなることもあって、古いツメがいつまでも残り、ツメが太くなってしまうので、2週間に1回くらいがいいかもしれません。

多くの猫は、ツメを切られるのが苦手なので、機嫌がいいときに手際よく行うのがコツです。また、眠たそうなときや、寝起きでボーッとしているときも警戒心が薄く、ツメ切りのチャンスです。飼い主さんは、そんな絶好の機会を逃さず、速やかにツメをカットしましょう。そっと前足を持ち上げ、あわてずに指の付け根を押さえながら、ニュッと出てくるツメの先にしっかりと猫用ツメ切りを当てていきます。

切るのは血管や神経の通っていない白っぽい部分の真ん中くらいが目安です。神経が通っているピンク色の部分まで切ってしまうと激痛が走るので、刃を当てる位置はくれぐれも慎重に。猫が嫌がる素振りを見せたら、すぐにやめること。一度に全部切ってしまおうとはせず、何度かに分けて切るのも1つの方法です。
動画などで、猫の首の後ろを掴んで2人がかりで切る方法などが紹介されることがありますが、これはあまりおすすめできません。猫は体を拘束されるのが嫌いですから、「嫌なことをされた」という印象ばかりが残り、ツメ切りをますます嫌がったり、足を触られると威嚇したりするようになります。猫も人間と同様に嫌なことをする人の近くには寄りたくなくなるでしょう。

また、ツメ切りをするときは黙々と作業をするのではなく、飼い主さんも気持ちを楽にして、「おりこうだね」「大丈夫だよ」と、やさしく穏やかに声をかけながら行ってみてください。飼い主さんが緊張していると、それが猫にも伝わってしまいます。

シャンプーはどのくらいの頻度ですればいいの？

猫はもともと体臭が少なく、毛づくろいをすることで自分の体を清潔に保っていますから、シャンプーは基本的に不要です。ただし、長毛種は自分で毛づくろいをしても、皮膚まで舌が届かないこともあり、汚れやすく毛ももつれやすいので、定期的にシャンプーをしてあげましょう。短毛種でも、太った猫や高齢の猫は毛づくろいをしなくなることがあるので、猫の体調を見てシャンプーを検討してみてください。

［シャンプーの方法］

①シャンプー前にブラッシングをして、毛の絡みや抜け毛を取り除きます。
②37℃くらいのお湯で体を濡らしていきます。
③猫用シャンプーをお湯で先に泡立ててから体につけて、頭からお尻のほうに向かって洗っていきます。足と足裏、しっぽやお尻も忘れずに。
④顔や顎はシャワーを当てず、シャンプーを含んだスポンジで洗います。
⑤顔にお湯や泡がつかないように、細心の注意を払って流していきます。
⑥タオルで十分に水分を拭き取ります。
⑦ブラッシングをしながら、ドライヤーで乾かします。
ドライヤーを近づけすぎると、火傷の危険性があるので要注意。目にドライヤーの

風が直接当たらないように、目を手で覆ってあげてください。

※ただし、脱毛や皮膚の異常がある場合は、シャンプーは控えましょう。

なかにはお湯やシャンプーを嫌がる猫もいます。そんな場合は、無理に洗おうとせず、蒸しタオルで全身を拭いてあげるのも1つの方法です。軽い汚れ程度であれば、それで十分です。また、猫用のドライシャンプーを試してみるのもいいかもしれません。猫は体を舐めるため、安全性を確認して選んであげましょう。

猫にとって快適な部屋

日本では現在、猫を家の中だけで飼う「完全室内飼い」が主流です。一方、室内飼いだと猫が退屈しやすい、といった意見もありますが、環境を整え、飼い主さんがコミュニケーションをとることで、猫は十分に幸せに暮らせます。

猫にとって安全で快適な環境をつくるのは、飼い主さんの責任です。

猫に快適な部屋づくり

1.

猫ベッドなどを置き、落ち着ける場所を用意しましょう。

2.

猫は暑いのも、寒いのも苦手。エアコンなどで快適な室内を保ってあげましょう。

3.

室内飼いの猫は運動不足になりがちです。家具に段差をつけたり、キャットタワーなどで上下運動ができる環境があるとよいでしょう。

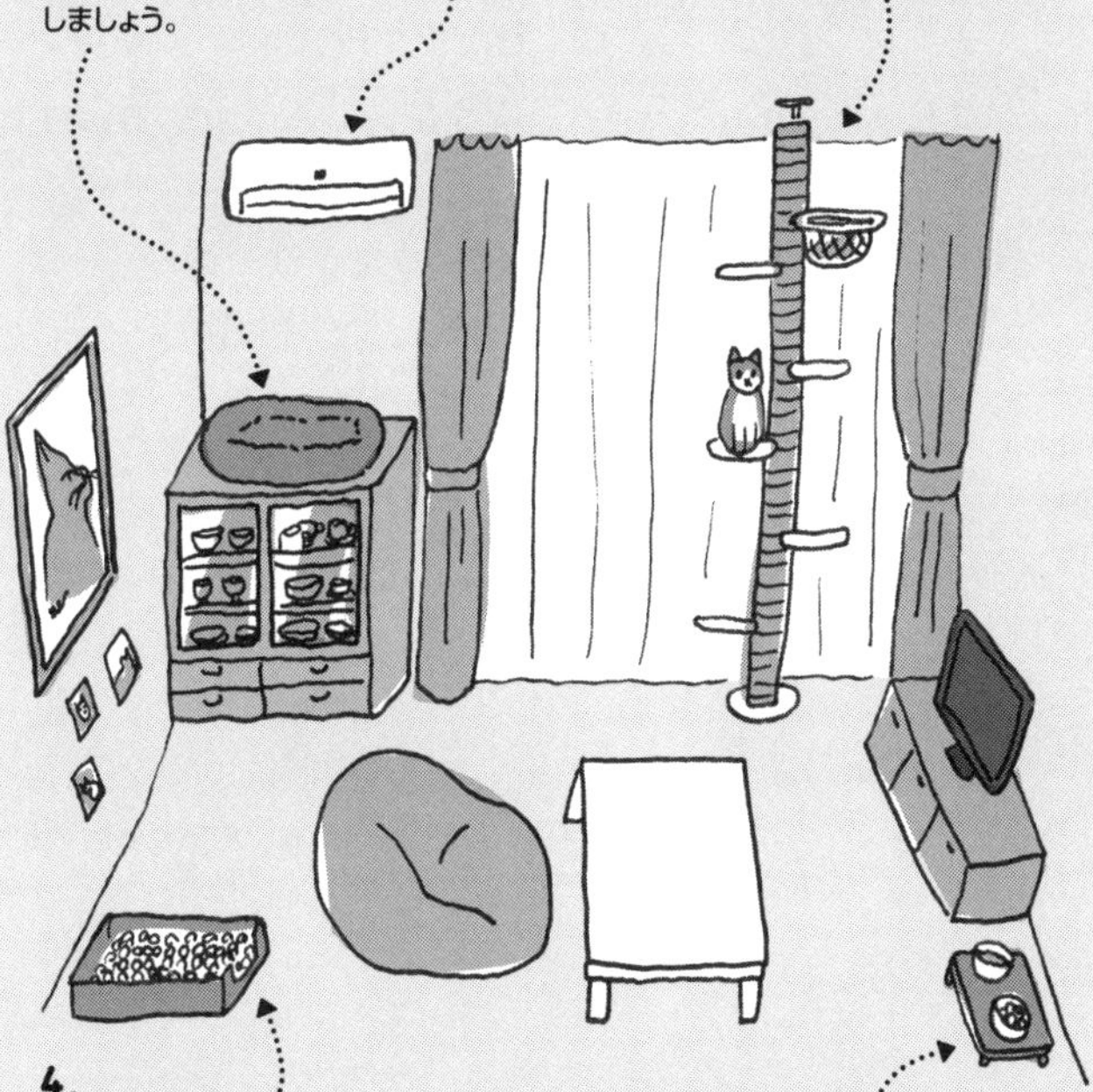

4.

トイレは猫の数プラス1個が理想。快適に暮らしてもらうためトイレはいつも清潔に。また、トイレは横に並べず間隔をあけるか別の場所に置くとよいでしょう。

5.

衛生面からできるだけ食事場所とトイレは離すようにしましょう。

室内で暮らす猫にとって家は「世界」そのものです。

では、猫にとって快適な部屋の環境とはどのようなものなのでしょうか。たとえば、猫は外を眺めるのが大好きですから、窓のある部屋がよいでしょう。猫にとって、くつろげる場所を確保してあげることも大切です。猫は柔らかな布の上や暖かな場所を好みます。夏はクールマットなどを用意しておき、猫が冷たい場所へ自由に移動できるようにしておきましょう。

猫は本来臆病な動物です。家に知らない人が来たときや、何か驚いたときなどに、すぐに逃げ込める隠れ場所も必要でしょう。

また、猫は高いところが好きです。運動不足解消のためにも、高いところに居場所を確保してあげたいものです。キャットタワーを設置したり、部屋の高い位置にキャットウォークをかけるのもおすすめです。ただし、足腰が衰えてくる13〜14歳以降は床周りの生活にシフトします。高いところから落ちると、思わぬけがを負う可能性があり危険です。バリアフリーを意識して環境を整えましょう。

常に快適な温度を保つためにはエアコンは必須です。食事場所とトイレは離れた場所に設置すること。かつ、いずれも落ち着ける場所であることが必要条件です。ツメとぎは利用しやすい場所に設置。危険な場所に立ち入らせない工夫や、脱走対策も重要です。

もう1つ、猫の部屋づくりをする上で大切なことは、猫にとって危険なものを置かないことです。たとえば、毒性のある植物や電気コード、アクセサリーの類も危険です。詳しくはPART3を参考にしてください。

猫砂は何を選んだらいいの？

猫はトイレ環境に並々ならぬこだわりを持っています。

第1章でトイレ容器の形や置き場所などについて述べましたが、トイレ砂（猫砂）も猫にとってのこだわりポイントです。しかも、素材、におい、粒の大きさ、感触など、猫によって好みはさまざまです。飼い主さんが扱いやすいだけでなく、猫にとって快適なものを選びたいものです。

猫砂の素材には、大きく5種類があり、それぞれに特徴があります。

［鉱物系］

吸収力、消臭力が高く、排泄した部分がしっかりと固まりますが、砂粒が小さく、猫の足裏について散らばりやすいというデメリットもあります。原料はベントナイトやゼオライトなど粘土鉱物の一種で、廃棄方法は地域によってさまざまです。

［おから系］

吸収力はありますが凝固力は弱めで、水分を含むとホロホロの状態になります。トイレに流すことが可能なものも多くあります。軽量で扱いやすいですが、独特のにおいがあり、猫によって好き嫌いが分かれるかもしれません。

［木系］

ヒノキやパインウッドなど、原料に使われている木材はさまざまで、針葉樹の消臭成分を生かした猫砂もあります。ただし、凝固力はあまり強くなく、片付けの際に崩れてしまうこともあり、注意が必要です。使用後は可燃ゴミとして処理できるものが多いほか、トイレに流せるタイプもあります。

【シリカゲル系】

シリカゲルは、脱臭剤や乾燥剤などにも使用されている素材です。固まらずに水分を吸収するため、数週間取り替え不要のタイプがほとんどです。ただし、猫の足裏に張り付くことがあり、嫌がる猫もいるかもしれません。

【紙系】

原料は、再生紙や吸水ポリマーなどで、軽量で持ち運びしやすいことが特徴です。使用後は可燃ゴミとして出せるほか、トイレに流せるタイプのものもあります。ただし、粒が非常に軽いので、トイレの後に勢いよく砂をかけると、外へ飛び散ってしまう可能性があります。

どれがいちばんいいとはいえませんが、猫自身に好みの砂を選ばせる実験をすると、多くの猫が野外で用を足すときの自然の砂に近い鉱物系の砂を選ぶようです。これは足裏への感触や、使用後の砂かけのしやすさにも関係しているのでしょう。

猫だけでお留守番をさせて大丈夫？

旅行に行きたい、出張で家をあけなければならない。

そんなとき、猫はどのくらいの時間だったら自分だけで留守番をすることができるのでしょうか。

結論からいうと、猫の留守番は1泊にとどめたほうが無難です。

猫はもともと単独行動型なので、1匹で長い時間を過ごすことはそれほど苦にしませんが、体調を崩したときが心配です。

また、飼い主さんへの依存心が強い猫や、寂しがり屋の猫もいます。その家で暮らして半年以上経っていて、猫が健康で、飼い主さんとの信頼関係ができているという前提で、一応の目安としては半日から1泊程度は、留守番をさせても問題ないと思います。多頭飼いで猫が2〜3匹同居している場合でも、同じく1泊程度は問題ないでしょう。

もちろんこれは、留守中の安全管理や、食事、水、トイレの準備をきちんとすることが条件です。

2泊以上飼い主さんが家を開けるときは、近くに住んでいるご家族やペットシッターかペットホテルにお世話をお願いしましょう。

【お留守番をさせるときの注意点】

- 壊されて困るものはすべて片付ける
- 誤って飲み込んだり食べてしまうと危険なものは出しておかない
- 電気コード類はかじられないようにケーブルカバーでカバーする
- スイッチが入って作動しては困る電気器具はコンセントを抜く
- 閉じ込められる可能性のある場所は、カギをかけるかストッパーでドアを固定する

・食事は、変質しにくいドライフードのみにして、いつもより多めに出しておく
・ストックのフードの袋は外に出しておかない
・水は多めに。もし容器をひっくり返してしまっても飲めるように3箇所くらい用意する
・トイレはふだんより1～2個多く設置する

タイマーをセットすると決めた時間にご飯が出てくるお留守番食器や、常に新鮮な水が飲める自動給水器も市販されていますから、それらを利用してもよいでしょう。

また、季節によっては急な気温の変化などで体調を崩してしまうこともあります。保温対策や熱中症対策も万全を期してください。

遊び盛り、いたずら盛りの子猫の場合は、安全を確保するため、ケージ内に寝床、食事と水、トイレを用意して、ケージの中で留守番をしてもらうのも1つの方法かもしれません。

猫を連れて引っ越しをするときは何に気をつけたらいいの？

猫にとって、引っ越しは大きなストレスです。

引っ越し前、荷造りでごった返す部屋は、住み慣れたいつもの空間とはまったくちがう風景です。猫は「これはただ事ではない」と感じて、いつになく落ち着きをなくしていることでしょう。

引っ越し作業中に出る大きな音や、見知らぬ人の頻繁な出入りで恐怖を覚えることも多く、物陰に隠れて出てこなくなったり、開け放ったドアや窓から逃走してしまうこともあります。

これらを防ぐには、いくつかの部屋がある場合は、一部屋を猫の居場所にしてあげるといいかもしれません。そうでない場合は、大きめのケージに入れておく方法があります。

また、猫好きの友人やペットホテルに預けるという方法もあります。ただ、猫はいつもとちがう場所にストレスを感じますから、預ける場合は、たとえば引っ越し前日から当日の2日間など、できるだけ短期間にしたほうがいいと思います。

新居へ移動する際、猫をどう輸送するかも考えておきましょう。自家用車やレンタカーで飼い主さんが輸送する方法、公共交通機関を利用する方法、また、ペット輸送の専門業者に依頼するという方法もあります。遠方への引っ越しの場合は、業者さんに頼んだほうが猫に負担がかからないかもしれません。

引っ越しで、間取りや家具が変化すると、猫が慣れるまでに時間がかかります。猫の食器やトイレ、キャットタワー、タオルなど、猫のにおいがついたものは、できるだけそのまま使うようにしましょう。

個体差がありますが、早い猫は数日、遅い猫でも数週間で新居に慣れます。環境が変わることで、食欲が多少落ちることもありますが、たいていは心配いりません。様子をよく見て、もし具合が悪そうなら動物病院で診察を受けてください。引っ越し前に、あらかじめ新居近くの動物病院がどこにあるか、調べておくと安心です。

複数の猫と暮らすということ

すでに猫と暮らしていて、新たに猫を家族に迎え入れたいと思っている人もいるでしょう。このとき問題になるのは、先住猫と新入り猫が仲良く生活をしてくれるかということです。猫同士の相性が合えば一緒に遊んだり、楽しく過ごしてくれますが、もし相性が悪いようだと、それぞれの猫に大きなストレスがかかってしまい、体調不良を招いたり、ケンカが絶えなくなるといった原因にもなります。

一般論として、「うまくいきやすい・いきにくい」組み合わせには、傾向がありま す。たとえば、先住猫が社交的な性格だと新入り猫を受け入れやすい。また、先住猫と新入り猫の年齢差は小さいほうがいいようです。一方、子猫期は柔軟性があるため、子猫と子猫の組み合わせは比較的仲良くなりやすいといえます。

血縁関係にある猫同士も仲良くなりやすい傾向があります。性別による組み合わせは個体差が大きく、避妊・去勢手術の影響もあり一概にはいえませんが、オス同士は最も難しいとされています。
一般的な相性の良し悪しをまとめておきますので、参考にしてみてください。

［比較的よい組み合わせ］　※上が先住猫、下が新入り猫です

◎親猫＋子猫……最も仲良くできる組み合わせ
◎子猫＋子猫……遊び相手になりながら一緒に成長できる
○成猫＋子猫……比較的うまくいくが、子猫ばかりかわいがらないように
△成猫メス＋成猫オス……子どもを産ませないなら避妊・去勢手術を
△成猫メス＋成猫メス……メスはオスほど縄張り意識が強くない

［トラブルになりやすい組み合わせ］

×成猫オス＋成猫オス……オスは縄張り意識が強いためケンカが多くなる
×高齢猫＋子猫……高齢猫にとってやんちゃな子猫はストレスになることも

後から猫を迎えるときは先住猫の性格、年齢を考慮し、あくまでも先住猫優先で考えましょう。正式に譲り受ける前に、「お試し期間」など先住猫と新入り猫を対面させ、相性を見るための機会を設けられるか相談してみるとよいと思います。

PART 2 猫がおいしいと感じる食事

キャットフードのラベルでチェックすべきこと

近頃は多種多様なキャットフードが販売されているため、どれを選べばいいのか迷ってしまうこともあるでしょう。まずは必要だと思う機能のフードを選別し、その中から愛猫の好みを考えましょう。

キャットフードを購入するとき、必ず確認してほしいのがパッケージの表示です。表示にはルールがあって、1つは「愛がん動物用飼料の安全性の確保に関する法律（ペットフード安全法）」によって定められた義務表示、もう1つは「公正競争規約」

という「ペットフード公正取引協議会」により定められた自主規制ルールです。

ちなみに、ペットフード公正取引協議会は任意団体で、参加していないメーカーもありますが、このルールを守っています。

【ペットフード安全法による義務表示事項】

①ペットフードの名称（商品名）
②原材料名
③賞味期限
④事業者の氏名または名称および住所
⑤原産国名

【公正競争規約による必要表示事項】

⑥成分
⑦ペットフードの目的

⑧内容量
⑨給与法

添加物以外の原材料は、使用量の多い順に記載されています。アレルギーを持つ猫の場合は、よく内容をチェックしましょう。ただし、肉類、魚介類などのように分類名での表示も認められていますから、その場合はメーカーに成分など確認するとよいでしょう。

添加物は、原材料の表示の後ろに記載されており、フードの品質を保持するもの、見た目や、おいしくするためのもの（着色料、発色剤、増粘安定剤など）、ほかに栄養バランスの調整のために使われるビタミン類やミネラル類も添加物（栄養添加物）に分類されます。成分には、猫の5大栄養素と呼ばれる「タンパク質」「脂質」「粗繊維（炭水化物に含まれる食物繊維の一種）」「灰分（ミネラル）」「水分」の含有量が表示されています。

フードの目的は、総合栄養食、間食（おやつ）、療養食、その他の目的食ごとに記載されています。主食には総合栄養食とあるものを選んでください。また、療養食には獣医の指導が必要なものがありますから、自己判断で与えるのは絶対にやめてください。

賞味期限は、未開封で適切に保管した場合の品質保証期間です。開封後の保存期間はウェットタイプのフードなら冷蔵庫で1日、ドライタイプなら密閉して直射日光があたらず温度、湿度が低い場所で1ヵ月程度です。内容量を確認して、食べ切れる量を選んでください。

フードには、大きく分けて子猫用、成猫用、高齢猫用があり、成長段階によって必要な栄養も異なりますから、猫の成長に合ったものを選ぶことも大事です。避妊・去勢手術後用、歯石対策用、肥満猫用、毛球対策用、猫種別用など、機能をうたったフードは、長期間食べ続けることで効果が発揮されますから、一度決めたら、しばらくは同じフードを与え続けてみましょう。

ウェットタイプが嫌いでカリカリしか食べません

市販のキャットフードには、ドライ、半生（ソフトドライ、セミモイスト）、ウェットの3タイプがあります。主流は、ドライタイプとウェットタイプで、どれを選ぶかは猫の嗜好や生活環境、コスト面などを考えて判断しましょう（一般的にはウェットタイプのほうが割高です）。

飼い主さんの中には「うちの子はカリカリしか食べてくれないんだけど大丈夫？」とか、反対に「ウェットフードばかり食べていると太ってしまうのではないか」と心配する人もいますが、大丈夫です。猫の食事は、基本的に総合栄養食であればドライフードのみでも、ウェットフードのみでも問題ありません。

カリカリが好きな猫は、噛んだときの食感が気に入っているのかもしれません。また、子猫の時期からずっとドライフードばかり食べさせていると、ウェットフード嫌いになることもあります。猫は風味や食感にとても敏感なため、食べ慣れないものを避けることがあるのです。

ドライフードは、簡単に与えられて保存性も高いのですが、水分量が少ないので、水分摂取に気を配ってあげる必要があるでしょう。

ウェットフードの約75%は水分のため、ふだんあまり水を飲まない猫にとっては水分補給に役立つというメリットもあります。また、動物性タンパク質が豊富で、消化吸収しやすいものが多いことも特徴です。

ただし、柔らかいウェットフードは噛む動作が減ってしまうので、顎の力が弱ってしまう可能性もあります。逆に、顎の力が衰えつつある高齢の猫や病気で体力が低下した猫の場合は、ウェットフードにしてあげたほうがよいかもしれません。

人の食べているものをあげて大丈夫？

飼い主さんが食事をしていると、猫が足元でニャーニャーとご飯をおねだりしてくることがあります。しかし、一度人の食べているものを与えると、それ以降、人間が食事をしているとき、毎回おねだりにくるようになってしまいます。

人間の食べものは、猫にとって塩分が高い場合があります。肉や魚であれば大丈夫だろうと思うかもしれませんが、味つけに使用した塩や醤油は、猫が必要とする塩分よりも多いこともあります。

また、穀類は消化に悪いという意見もありますが、炊いた白米など水分と熱を足してα化してあるものは、そこまで消化に悪いわけではありません。また、昨今流行している穀類（グレインフリー）のフードが必ずしも消化に影響するわけではないという説もあります。白身魚の刺身や鶏肉など、猫が好み、与えても問題のない食材があれば、あらかじめ猫用に取り分けておいて、おやつとしてあげましょう。

人間が食べているものには、猫にとって病気の原因となるものもあり、少量でも猫の体に害になるものが少なくありません。それらを予防し、問題が生じないようにするには、「猫には人の食事を食べさせない」というルールを決めておくことです。

ルールを守るポイントは、第一にとにかくねだられても無視することです。どんなにしつこくねだられても与えない強い気持ちが大事です。

第二に、不用意に人間の食べ物を置いておかないことです。猫は、食べ物のにおいがするとその場所を探し当て、食べてしまいます。気に入った食べ物の味を知ってしまったら、また食べたくなるのは当然です。

飼い主さんの食事の時間に合わせて、猫にもご飯を与えるという方法もあります。そうすることで、猫も自分のご飯のほうに興味が出てそちらを食べてくれるかもしれません。おなかがいっぱいになると、人間が食べているものに興味を持たなくなるでしょう。同様に飼い主さんの食事前に猫にご飯を与えるのも1つの方法です。

猫が「おいしい！」と感じるとき

猫も人間と同じように味覚はあります。食べ物の味は舌にある味蕾《みらい》という部分で感知するのですが、猫の味覚には「苦味を強く感じとる」「旨味を感じとる」「塩味と酸味はあまり感じとれない」「甘みはほとんど感じとれない」という特徴があります。

自然界では毒性のあるものを口にしないよう、毒性のものに多く含まれる苦味に敏感になったのではないかと考えられます。旨味は動物性タンパク質に含まれるアミノ酸に多いため、生きていくために必要なものに敏感だということなのかもしれません。

猫は、おいしいかどうかを味ではなく、「におい」で判断します。あるキャットフードメーカーの分析によると、まず「におい」で食べられるものかを判断し、その後口に入れて危険なものではないか、毒性のものではないかを確認しているそうです。

猫がおいしいと感じているときは、食事中に目を細めていることが多いようです。特に旨味の多い動物の肉を食べると、「おいしい」という感覚が走り満足感を得ると考えられています。

食後に毛づくろいをしていたり、舌舐めずりをしているときも、猫は食事に満足し、おいしかったと感じているようです。

反対にフードの「におい」を嗅いで立ち去るといった行動をとる場合は、不満を感じているときや食欲不振のときです。もしかしたらフードの劣化や、いつものフードでも実は、添加物の種類が増えていることがあるのかもしれませんので確認してみてください。

猫は食事に対して、とてもデリケートです。ふだんから食事の様子を観察し、満足しているか、不満を感じていないか、猫の気持ちを考えてあげてくださいね。

猫は本当に魚が好きなの？

日本では「猫は魚好き」というのが、当たり前のように考えられています。しかし、これは本当なのでしょうか？

猫は元来、肉食動物です。もともとねずみなどの小動物を食べることで栄養を摂っていました。そのため、海外では猫は肉を好むものとして認識されています。キャットフードには小魚がトッピングされているものやマグロ味、カツオ味など魚のエキスが入ったものもありますが、実は海外も日本も原材料の主流は肉類です。

猫に魚のイメージが定着してしまったのは、日本が海に囲まれた島国であるために魚が手に入りやすく、魚文化が根付いていたこと、さらに日本の仏教では原則獣の肉を食べることが禁じられていたため、動物の肉は庶民になじみが薄かったことの影響もあると思います。

また、アニメ『サザエさん』の主題歌に、おサカナをくわえて逃げる猫が登場することも、「猫=魚好き」の固定化に影響しているのではないかと、私は思っています。

実は猫に魚を与える際には注意点があります。不飽和脂肪酸《ふほうわしぼうさん》を多く含む青魚（アジ、サバなど）や脂の乗ったマグロやカツオなどばかり食べていると、猫は黄色脂肪症（イエローファット／体内に溜まった脂肪が酸化して炎症を起こす病気）になりやすいことが知られています。こうしたことからも、猫の主食は魚と決めつけないでほしいのです。

なお、これらの魚を原材料としたキャットフードには、黄色脂肪症の発症を予防する成分が調整されていることもあります。

いつものフードに「飽きちゃった」ときはどうすればいいの？

以前は食欲旺盛で、ご飯をきれいにたいらげていたのに、1歳くらいになると「あれ、どうして食べてくれないの？」という、いわゆる「ムラ食い」が始まります。

猫の味覚や食べ物の好き嫌いについては謎が多く、加齢や体調の変化でどう変わるのかなども、ほとんどわかっていません。

以前より食べなくなっても、特に変わらず元気であれば、心配はありません。ただ、痩せてきた気がする、食欲不振が24時間以上も続くなど、ふだんとちがう場合は獣医師に相談してください。

猫がそれを食べるか食べないかは、まずにおいで嗅ぎ分けて◯か×かの判定をします。一度下した判定が覆ることはまれで、×が付けばそれがどんなに高級なフードでも、猫は食べません。

いちばん困ってしまうのは、ふだん食べているフードでも、ある日なぜか×判定が下ることでしょう。原材料がいつの間にか変わっていたとか、添加物が増えていたとか、一見しただけでは人間にはわからない場合もありますが、ただ単にフードが飽きてしまった（食べ飽き）という理由で、食べなくなるということも多々あるようです。味覚として飽きてしまうというより、いつもと同じなので食べることの喜びや刺激が薄れて、つまらないと感じるのかもしれません。

そんなときには、たとえばフードの形状を変えてみるのも1つの方法です。ドライフードをお湯でふやかして柔らかくしてみたり、細かく砕いてから与えるなど、ちょっとした変化でも、食べるきっかけになるかもしれません。また、鰹節などの猫用のふりかけをほんの少しトッピングしてあげるだけで、あっさり解決することもあります。

いつもの猫缶をほぐして、魚介類を煮込んだスープ（調味料はなし）と合わせてみたり、鶏のササミを茹でて（味付けはしない）、ほぐしてトッピングしてあげるのもおすすめです。

高級猫缶に頼らなくても、こんなちょっとした工夫で、意外と猫はご飯を食べてくれるものです。

ただし、病気の猫には食べてはいけないものがあるので、ふだんとちがうものを与える場合は必ずかかりつけの動物病院に相談してください。

ライフステージごとの食事の注意

人間もそうですが、猫もまた年齢や体の特性によって、必要な栄養バランスが変わってきます。そのため、食事も年齢に応じた適切なものを与えることがとても重要になってきます。

【幼猫期】 生後0〜1歳

生後4週齢くらいまでは母猫の母乳、または人肌（38℃くらい）に温めた子猫用ミルクを与えます。歯が生えそろう頃から、栄養価の高い子猫用のウェットフードや子猫用のドライフードをぬるま湯でふやかしたものなど（離乳食）、飲み込みやすい柔らかい食事を用意しましょう。与え始めはこれまで与えていたミルクを離乳食に混ぜるとよいでしょう。

離乳期の子猫は消化器官がまだ発達していないため、食事は1日4〜6回程度、3

〜6時間おきに。できるだけ一定の間隔で与えるようにしましょう。

生後3カ月頃からは体が大きくなり、骨や内臓などが発達する成長期です。成長期の子猫は成猫の3倍のカロリーが必要なので、消化がよく高カロリーの食事を与えましょう。生後2カ月以降は徐々に硬めのフードに切り替えましょう。

【成猫期】1〜6歳頃

生後1年くらいを目安に成猫用フードに切り替えます。必要な栄養素がバランスよく配合された総合栄養食を中心に、副食（一般食）、間食（おやつ）なども適量与えてもいいと思います。1日に必要なエネルギー量は、運動量の多い猫なら体重1kg当たり65kcal、運動量の少ない猫は45kcalが目安です。妊娠中や出産後は多くの栄養が必要になるので、食事の量や回数を増やしましょう。

【老猫期】7歳頃〜

7歳頃から、運動量も減り、基礎代謝が低下してきます。まだ食欲は旺盛ですが、若い猫と同じカロリーの食事を与えていると、肥満になる可能性もあります。さらに10歳を過ぎてくると食事量が少なくなり、体重が落ち始める傾向にあります。この時期には少量でもしっかりと栄養やカロリーが摂れる老猫期用のフードを選んであげましょう。また、高齢になると内臓の働きも弱ってきます。腎臓に負担をかけないよう塩分は控えめに。運動不足も手伝って便秘になることもありますから、食物繊維を多めに摂ることで腸内環境を整えるようにしましょう。

PART 3 さまざまな危険から猫を守る

猫のかかりやすい病気について知っておきましょう

猫は、体調の悪さを隠す習性があります。そのため、気づいたときには症状が深刻化していることも少なくありません。猫の不調に気づいたら、楽観視せずに、早めに動物病院で診てもらいましょう。

猫がかかりやすい病気でいちばん多いのが「腎臓病」です。腎臓病は病名ではなく、腎機能が悪くなる病気の総称をいい、腎臓病を起こす病気には、腎臓腫瘍、腎結石をはじめさまざまなものがありますが、なかでも多いのが間質性《かんしっせい》腎炎で、これは腎臓に炎症が起こる病気で、高齢猫の罹患が多いといわれています。

腎臓病の初期は無症状で、中期になると多飲多尿になります。脱水、食欲不振、嘔吐、体重減少などの症状が見られたときはかなり進行している重度な病状が考えられます。早期発見のためには、日常的に尿量などをチェックすることが重要です。猫の宿命ともいわれる腎臓病ですが、早期発見・早期治療により、少しでも長く健康を維持し長生きさせてあげることは可能です。

猫はもともと砂漠に生息していたため、乾燥した環境でも水分を無駄なく利用して、凝縮された濃いオシッコをします。そのため「尿石症」や「膀胱炎」といった「下部尿路疾患」にもかかりやすいといわれています。中高年になって太ってきたり、運動量が減ってきたりするとかかりやすい傾向にあります。これらの泌尿器系の病気を予防するには、ふだんからよく水を飲ませる工夫をしましょう。

感染症にもかかりやすく、たとえば、ヘルペスウイルスによる「猫ウイルス性鼻気管炎」、カリシウイルスによる「猫カリシウイルス感染症」、クラミジア（菌）による「猫クラミジア」といった上部気道炎、いわゆる猫風邪は2～3カ月の子猫に多く発症する感染症で、鼻水、くしゃみ、よだれ、涙目、口内炎、目やに、元気喪失などの症状が見られます。複合感染した場合は、重症化しやすいので注意が必要です。その他、猫パルボウイルス感染症、猫伝染性腹膜炎、猫白血ウイルス感染症、猫免疫不全ウイルス感染症なども、かかりやすい感染症です。

ほかにも胃炎、胃腸炎、腸炎で受診する猫も少なくありません。消化器の粘膜が炎症を起こして、嘔吐や下痢、食欲低下などの症状が出てきます。原因はさまざまで、誤飲やストレス、感染症や中毒。毛玉が消化管に溜まってしまうことで胃炎や胃腸炎になる猫もいます。

また、心筋症は猫の心臓病の中で最も起こりやすい病気です。わかりやすい症状としては、呼吸がしにくく苦しそう、運動が嫌いになったなどで、これらはレントゲンやエコー、血液検査で見つけることができます。

高齢になると発症リスクが高まるのが糖尿病です。人間と同様、肥満や偏った食事などが原因とされていますが、遺伝や免疫疾患により発症する可能性もあります。

もう1つ、高齢の猫に多く見られるのが甲状腺機能亢進症です。甲状腺機能亢進症は、甲状腺ホルモンが過剰に分泌されることで発症します。この病気になると、細胞の代謝活性全般が活発になりすぎて、「高齢のわりに元気」という印象を持ってしまうこともありますが、落ち着きがなくなる、攻撃的になる、嚙む、たえず鳴くなどの行動が目立つようになります。また、水を飲む量が増えたり、食欲が増しているにもかかわらず体重が増えない、もしくは痩せてきたり、脱毛や毛艶がなくなるなどの変化も出てきます。病気が進行すると、最終的には元気もなくなり、食欲も低下していきます。

口中のトラブルも少なくありません。口の中の免疫バランスが悪くなっていたり、歯石が付着した状態が長く続くと、歯肉炎さらには歯周炎を引き起こす可能性が高くなります。歯茎が赤く腫れあがり、出血、口臭、よだれ、歯のぐらつきなどの症状が見られるようになり、痛みによる食べづらさから食欲が落ちてしまう場合もあります。こまめに歯みがきをして、歯垢を取り除くことが第一の予防法です。

🐾保険はいざというときに頼りになるの？

人間とは異なり猫には公的な健康保険制度がありません。けがや病気で動物病院を受診した際の医療費は全額自己負担です。医療費が想像以上に高額となり、あわててしまったという経験を持つ飼い主さんも多いのではないでしょうか。

ペット保険は、そんなペットのけがや病気のリスクに備えるための保険です。ペット保険に加入していることで、急な手術や長期入院、高度な治療が必要となった場合も、金銭的な負担を軽減できる場合があります。

補償内容は各ペット保険により異なりますが、一般的には、けがや病気による通院での診療、薬代、入院での治療、手術は補償対象です。一方、歯科治療、避妊・去勢手術、妊娠・出産、ワクチン接種、健康診断は補償対象外となることがあります。保険料は保険の種類や契約内容によってさまざまですが、月々1000円台から数千円程度のものが人気のようです。猫の年齢によって保険料が区分され、更新していくものがほとんどで、年齢を重ねるとその分保険料が高くなるので、何歳でどのくらい上がるのか、あらかじめ確認しておくことが大切です。

補償割合がどのくらいかも重要です。治療費の50％、あるいは70％～100％補償など、保険会社やプランによって異なります。補償割合にかかわらず自己負担となる「免責金額」が設けられている場合もありますから、そちらも確認が必要です。

保険金の請求方法は、主に「窓口清算」と「立替清算」の2通りがあり、窓口清算は対応病院に限定されますが、会計の際に保険金請求額を差し引いた金額を支払うことが可能で、別途に保険金の請求手続きを行う必要がありません。立替清算は、保険会社に直接請求する方法で、すべての病院で対応していますが、一度、診療費を自己負担で全額支払い、後日保険会社に保険金を請求する必要があります。

通常、ペット保険には、新規で加入できる年齢制限が設けられています。生後1～2カ月から8歳程度までとなっているところが多いようですが、保険会社によってさまざまで10歳以上でも加入できる保険もあります。

更新に年齢制限がある保険では、更新可能年齢を確認することも重要です。これまで何年も保険料を払い続けていたとしても、年齢を超えてしまうと更新ができず、契約終了となってしまいます。終身補償される保険もありますから、そちらを検討してみるのも1つです。ペット保険は原則としてペットが健康でなければ加入することができません。人の保険と同じで、ペット保険にも加入にあたっては審査があります。

ただし、病気があっても必ずしも審査に通らないというわけではなく、各保険会社では「加入できない病気」をあらかじめ定めており、それ以外の病気であれば加入できる可能性があります。

「加入できない」と定められている病気は保険会社によって異なるため、A社で審査に通らなかった場合でも、B社では加入できるというケースもあります。

ペット保険に加入するメリットは、医療費負担の軽減だけでなく、それによって動物病院を受診するハードルが下がり、愛猫の健康維持につながるということがあります。しかしその一方で思っていたようには使えないといったトラブルの声も耳にします。あせって加入をする前に十分その内容を検討し、飼い主さんにとっても猫にとってもよりよい選択を考えてみましょう。

うちの子太っている？　肥満の目安とは

食べすぎると太るのは、人も猫も同じです。室内で過ごす猫は運動量も少ないため、ちょっと油断すると「肥満」へまっしぐらです。とはいえ、猫は人間のようにスタイルを気にして、食事の量を自分でコントロールしたりはしません。猫の肥満の原因は、ひとえに飼い主さんにあるのです。

肥満は健康維持にとって大きなリスクの1つです。特に、糖尿病や心臓病、関節炎、皮膚病などにかかりやすくなりますから、十分に気をつけなければなりません。「うちの子はぽっちゃり体型だけどかわいいからいいか」と、ついついおやつやご飯をたくさんあげてしまうという飼い主さんはいませんか？　でも、猫の健康にとって肥満はリスクになるため、今日からは「ま、いいか」の考えは捨ててくださいね。

猫の適正体重は品種や個体差がありますが、標準的な大きさの猫の生後0週から12カ月齢までの平均体重は次の通りです。

・生後0週　　100g前後
・生後1週　　約150～200g
・生後1カ月　約400～500g
・生後3カ月　約1000～1500g
・生後12カ月　約3000～5000g

猫は生後12カ月（1歳）で成猫となり、成長がとまりますから、この1歳の体重が猫の適正体重の目安と考えることができます。そして、もし1歳のときの体重より1・2倍の体重になったら、それは肥満と考えられます。

たとえば、1歳のとき体重3kgだった猫が、3・6kgまで増えてしまったら、肥満だということです。

また、猫が肥満かどうかを判断するためのものとして、「ボディコンディションスコア（BCS）」という指標があります。獣医師たちが使っている指標ですが、飼い主さんでもある程度判断することができます（見た目や触った感じで判断します）。

【猫のボディコンディションスコア(BCS)と体型】

・肥満(BCS5)

厚い脂肪におおわれて肋骨や背骨が容易に触れない。脇腹のひだが目立ち、歩くとおなかが揺れます。

・体重過剰(BCS4)

全体的に脂肪がついている状態で、肥満の一歩手前。肋骨や背骨などの骨格は触ってもわかりづらく、腰のくびれはほとんどありません。腹部は丸くふっくらしています。

・理想体重(BCS3)

体全体にわずかな脂肪がついている、最も理想的な状態です。肋骨は強めに触ると確認できますが、見ただけではわかりません。腰には適度なくびれがあり、腹部の脂肪は薄く掴めます。横から見ると、脇腹にひだがあります。

・体重不足(BCS2)

体全体がごく薄い脂肪で覆われている状態です。触ると、背骨や肋骨などの骨格が確認できます。上から見たときに、腰がくっきりとくびれています。

・痩せ（BCS1）

肋骨や腰椎が外からでもはっきり見える。上から見たときに、腰が深くくびれ脂肪がなく、脇腹のひだもありません。

あなたの愛猫もチェックしてみましょう。

もし、太り始めの兆候が見られたら、まずは食事制限をしてみてください。必要なカロリーは年齢や性別などで異なりますから、獣医師に相談し、アドバイスをもらうようにしましょう。また、不妊・去勢手術を受けた猫は基礎代謝量が落ちるため肥満になりやすいという注意点があります。不妊・去勢後の体に合わせたダイエットフードを与えることや、たくさん遊んであげる、上下運動ができる環境を整えるなど運動量を増やす工夫をすることも大事です。

ダイエットフードも規定の量以上に食べすぎてしまっては意味がありません。おなかがすいて暴れてしまう、ごはんをもらえるまで鳴きやまないなど、食事制限をすることが難しい猫の場合は、少しずつこまめに食事を与えることや、ドライフードをお湯でふやかしてカサ増しするなどで工夫をしてみてみましょう。

定期的な健診と予防接種で病気知らず

猫を家に迎えたら、なるべく早いうちに動物病院で健康診断を受けるようにしましょう。猫は神経質で、犬よりずっと病院嫌いが多いので、まずは猫との相性がいい信頼できるホームドクターを見つけることが大事です。定期健診やワクチン接種など、病気でなくても日頃から動物病院の雰囲気に慣らしておくことをおすすめします。子猫のうちから慣らしておくと、成猫になってからも通院時のストレスを減らすことができます。

初めての健康診断の後も、年1回は健診を受けるようにしましょう。猫は人の4倍速く年をとるので、年1回の健診でも人に換算すれば4年に1回の頻度、決して多くはありません。

さらに、高齢になると悪性腫瘍や腎臓病などのリスクが高くなりますから、7歳くらいからは半年に1回は健康診断を受けることをおすすめします。

健康診断では、身体検査、血液検査、尿検査、便検査などを組み合わせて、総合的に健康状態を診ます。健康状態に不安があるときや、老化が始まる7歳くらいからは、心電図やレントゲン検査、超音波検査など、さらに詳細な精密検査を受けることも考慮してほしいと思います。

猫の感染症を予防するワクチンには、3~7種の「混合ワクチン」があり、基本はコアワクチンと呼ばれる、猫ウイルス性鼻気管炎、猫カリシウイルス感染症、猫汎白血球減少症の「3種混合ワクチン」です。

接種時期は通常、子猫は生後8週齢頃に1回目、3~4週間あけて2回目を接種。その後は1~3年に1回。動物病院によって異なる場合もありますから、ワクチンの種類や接種のタイミングは、かかりつけの獣医師によく相談してください。

与えると危険な食べ物

人間にとって、おいしく栄養価が高い食べ物でも、猫にとっては有害なものがたくさんあります。それらを食べてしまうことで下痢や嘔吐をしたり、中毒症状を起こしたり、生命の危険に晒される場合もあります。前にも、人の食べ物を猫にあげてはいけないということをお話ししましたが、その最大の理由はここにあります。

では、猫に与えてはいけない食べ物には、どんなものがあるのでしょうか。以下に挙げておきます。

【野菜・果物】

- 玉ネギ、長ネギ、ニラ、ニンニク
- アボカド
- ブドウやレーズン

・イチジク

【魚介類】

・生のエビ、イカ、タコ、カニ
・貝類など

※サバ、アジ、イワシ、サンマなどの青魚や、マグロやカツオも与えすぎには要注意。これらは食べすぎると黄色脂肪症になる恐れがあります。

【肉類】

・大量のレバーなど

※猫は元来、肉食動物ですから牛肉も鶏肉も豚肉も問題はありません。ただし、生で与えると下痢を起こす可能性もあるので、必ず茹でてからあげてください。特に生の豚肉は、トキソプラズマという寄生虫が潜伏している恐れがあり、原虫感染症を起こす危険もあります。

【その他】

・チョコレート、ココア
・キシリトール
・アルコール、カフェイン飲料など

もし、猫が食べてはいけないものを食べてしまったら、飼い主さんの判断で対処しようとせず、速やかに動物病院で診察を受けてください。

実はおうちの中にも危険がいっぱい

家の中だからといって決して安全ではありません。家の中に、猫にとって危険なものがないか、手の届くところに置かれていないか、あなたも猫と暮らすお部屋をチェックしてみてください。

まず、誤飲してしまいそうなものを放置していませんか？

猫は何でもおもちゃにして遊びますが、ヒモや毛糸、リボンなどヒモ状のもの、ヘアゴムやアクセサリー、スポンジ、消しゴム、ビニール袋などをおもちゃ代わりに遊んでいるうちに、誤って飲み込んでしまう可能性があります。また、ヒモ状のものは首に絡んでしまい、もがいてさらに締め付けられて窒息してしまう危険性もあります。

カプセルや錠剤などの薬も飲み込んでしまうことがあります。代謝ができない薬の場合は、死に至ることもありますから、これも非常に危険です（サプリメントも同様です）。こうしたものは、猫が自由に出入りできる場所には放置しないことです。

電気コードをおもちゃ代わりにして、かじって遊んでいるうちに感電してしまう危険もあります。また、コードを噛み切ることによって、火災につながる可能性もあります。部屋のコードは隠すか、コードカバーを設置するようにしましょう。

猫を浴室に出入りさせるのも危険です。残り湯が温かい場合、浴槽のふたの上でくつろぐのが好きな猫もいますが、落下して溺れる可能性もあります。浴室のドアをしっかり閉めるなど、猫がお風呂に近づけないよう対策をとってください。

火傷にも注意が必要です。最も多いのは暖房器具による火傷です。反射式石油ストーブの天板に飛び乗ってしまい、肉球を火傷する猫もいます。遠赤外線ヒーターも近寄りすぎると危険です。毛が焦げていても気づかず、その下の皮膚が火傷している可能性もあります。ガードを設置するなどの対策が必要です。安全そうに見えるホットカーペットも、低温火傷の危険があります。使用した後のIHクッキングヒーターやホットプレート、アイロンなども危険なので気をつけましょう。

骨折やけがの危険も少なくありません。猫がどんなにすぐれたバランス感覚を持っていても、アクシデントはあるものです。

たとえば、タンスなどの上に布が敷いてあると、ジャンプしたときにすべって落ちてしまいます。猫は高いところが好きですから、棚やタンスの上などは、猫がジャンプしても安全なように対策をとりましょう。

ドアが風などで急に閉まり、猫の足やしっぽが挟まれてけがをすることもあります。ドアは必ず閉めるようにするか、ドアストッパーを使って開けっ放しにしておくなど工夫をすることも大切です。

観葉植物や切り花も要注意です。猫が口にすると中毒症状を起こすものがあります。

ユリ科の植物や、アイビー、ポトス、ポインセチア、スイセン、ヒアシンスなどは絶対に置いてはいけないものですが、毒性があるかどうかわからないものも多いので、猫が行き来する部屋には基本として植物を置かないほうがよいでしょう。

地震や火災、猫を連れて避難するということ

台風や洪水、地震など、大災害はいつ起こるかわかりません。そんな不測の事態のときに、猫をどうするか？　環境省が推奨しているのは、ペットを連れて避難する「同行避難」です。

しかしながら近年の災害時に、猫を連れて避難所に入れなかったという報告も多数ありました。

飼い主さんにとっては猫と一緒の避難がいちばん安心ですが、避難所には動物アレルギーの人や、動物が苦手な人もいます。そのため、思わぬトラブルを招く可能性もあります。

避難所では、におい、鳴き声、抜け毛対策は必須です。排泄物とキャットフードはそのつど片付けること。猫が不安がって鳴いてしまう場合は、ケージやキャリーバッグにタオルなどをかけ、目隠しをして落ち着かせましょう。また、こまめにブラッシングをしてあげることで、抜け毛の飛散を防ぎましょう。ブラッシングをするときは屋外に出て、風向きも考慮します。

避難先での住まいになるケージは、自治体で用意している場合もありますが、数が不足する可能性もあるので、基本は自分で用意しましょう。ケージの中にトイレと水を設置し、猫のにおいのついた毛布なども入れてあげます。

もし、近隣の避難所がペット受け入れ不可だった場合は、避難所以外の選択も考えておきましょう。たとえば、次のような選択肢があります。

- 家屋倒壊や二次災害の心配がなく、自宅が安全なら在宅避難も考える（人も猫も自宅、または猫は自宅、人は避難所）
- 離れた地域に住む親族や知人、施設などに一時預かりを相談しておく

・車、テントでの生活を視野に入れて備えておく

などが考えられるでしょう。

猫の避難用品は、いざというときに迷わないように、避難袋にまとめて全体量を把握しておきます。人用の荷物と猫用の荷物、猫を入れたキャリーケースを一緒に持って、本当に運べる量かを確かめましょう。特に、小さいお子さんや高齢者など介助が必要な人がいる家族や、多頭飼育の家庭では、1回の移動で持ち出せるものはそう多くはありません。以下は、環境省（人とペットの災害対策ガイドライン）が推奨する「猫の避難用品の持ち出し優先順位」です。参考にしてみてください。

【優先順位1】 常備品と飼い主やペットの情報

・療養食、薬

・フード、水、食器

・予備の迷子札付き首輪、伸縮しないリード、ハーネス

・布テープ
・飼い主の連絡先、預かり先などの情報
・猫の写真
・猫の既往症や健康状態などの情報

【優先順位2】ペット用品
・トイレ用品（猫砂、容器など）
・タオル、ブラシ
・おもちゃ、洗濯ネットなど

持病がある猫は、薬と療養食が最優先です。大規模災害では動物病院も被害を受け、避難生活の後も入手できなくなる可能性がありますから、受診の際に多めに購入し、7日分以上は予備を用意しておくとよいでしょう。

フードと水は5日から、できれば7日以上の用意を。フードは小分けタイプのものだと保管や持ち運びに便利です。

一方、飼い主さんが外出中に被災するという可能性もあります。その場合は、交通網の麻痺や安全上の理由で、その日のうちに帰れない恐れもありますから、猫だけで長時間生活できるように、日頃から環境を整えておくことが大切です。

まず、防災グッズを活用して室内の安全を確保しましょう。これは飼い主さんの不在、在宅にかかわらず、飼い主さんと猫の身を守るために必要なことです。たとえば、

・大きな家具や家電、キャットタワーやケージは、転倒防止グッズで固定する
・ガラスに飛散防止のフィルムを貼る
・戸棚の扉や引き出しに、ストッパーをつける

このほか猫のためには、次の対策があります。

・押入れの一角などの倒壊しにくいスペースに、猫の避難場所を確保する

・タイマーをセットすると決まった時間にご飯が出てくる食器や、ペット用の見守りカメラを活用する
・飲み水は複数個の容器に、たっぷり用意する

🐾健診や被災時のために、日常から訓練しておくこと

いざというときのために、災害シミュレーションは重要です。できれば、猫をキャリーケースに入れて避難所まで歩いて行ったり、地域の防災訓練に参加しましょう。

また、日頃からキャリーケースやケージを使う練習をしておくことをおすすめします。猫がキャリーケースやケージに慣れていないと、避難時のストレスが高くなります。ふだんからふかふかの毛布を入れてベッド代わりにしたり、入ってくれたらおやつをあげるなどして、猫にとって「安心できる場所」「いいことがある場所」と覚えさせておきましょう。

災害時は避難途中ではぐれてしまう、壊れた家から猫が脱出してしまうといったリスクもあります。近年では災害時に猫がパニックになり脱走したという報告をSNS上で多く目にします。

キャリーケースから出しても愛猫をコントロールできるように、ハーネスを使う練習もしておくとよいでしょう。首を締めてしまう恐れがあるためリードではなく、ベスト型のハーネスをおすすめします。

室内飼いでも、万が一に備えて飼い主さんの連絡先を書いた「迷子札」や「マイクロチップ」の装着など身元証明になるものは必要です。

2020年に施行された改正動物愛護管理法では、マイクロチップの装着が義務化されました。ブリーダーやペットショップなどから迎えた犬や猫にはマイクロチップが装着されており、飼い主になる際には、ご自身の情報に変更する必要があります(変更登録)。他者から猫を譲り受けて、獣医師に依頼して猫にマイクロチップを装着した場合には、ご自身の情報の登録が必要になります。

環境省が作成した「犬と猫のマイクロチップ情報登録」制度のウェブサイトもあり

ますので、マイクロチップについ詳しく知りたい方はチェックしてみてください。

被災後、屋外や避難先での生活がどのくらい続くかわかりません。そんな中、感染症のリスクが高まることは否めません。ワクチン接種の必要性については前述しましたが、こうしたことからもやはり定期的なワクチン接種は必須といえます。

第 4 章

猫の幸せ、私たちの幸せ

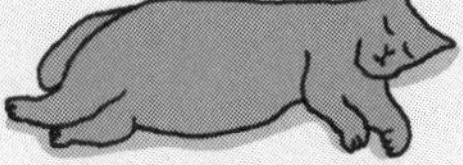

PART 1

猫は飼い主を選んでいる？

猫との出会いはどこにある

猫を迎える方法は、いくつかあります。なかには「野良猫を拾った、迷い込んできた」から一緒に暮らすようになったという人もいるでしょう。いずれにしても飼い始めるときは、かわいいから、かわいそうだからといった衝動的な思いではなく、猫の命を一生を預かる意味を理解し、よく考えることが大切です。

たとえば、家猫の寿命は平均16・22歳といわれています（一般社団法人ペットフード協会「２０２１年（令和３年）全国犬猫飼育実態調査結果」参照）。

そのため猫を迎えるということは、少なくとも14～15年の将来を想像する必要があるということです。

最期まで猫の面倒を見ることができるのか、自分のライフステージと照らし合わせて考えていく必要があるでしょう。また、猫を飼ってもいい環境かどうか、猫という動物（かつ迎える猫の性格や特性）は自分や家族のライフスタイルに合っているかどうか、猫を飼うことによって経済的に行き詰まるようなことはないか……など、猫を迎え入れる条件を具体的にチェックすることも大事です。

いざ、猫を迎えるとなったら、そのときは、猫との「出会いの場」に足を運びましょう。友人・知人からの譲渡や、野良との偶然の出会いは別として、猫との出会いの場は「ペットショップ」「ブリーダー」「保護団体」「保健所」「動物病院」などがあります。

純血種の猫がいいけれど、どの猫がいいのか迷っている人は多くの猫種を一度に見ることができるペットショップに足を運んでみてはいかがでしょうか。

飼いたい猫種が決まっているならブリーダーを訪ねてみるのも1つの方法です。ブリーダーは、その猫種の繁殖を専門に行っているため、より詳しい話を聞くことができます。母猫の健康状態や飼育環境が確認できるのも安心です。

純血種や子猫にこだわらないと思っている人は、保護猫を引き取るのも1つの方法です。日本各地には、不幸な猫を少しでも減らそうと、ボランティアで保護活動を行っている団体がありますから、インターネットなどで調べてみてください。また、各自治体の保健所に持ち込まれた猫の里親になる方法もあります。動物病院でも里親募集を行っていることがあり、病院内で保護している場合は、獣医師がその猫の健康状態を把握しているので、飼育相談ができ、健康面のアドバイスをもらうこともできます。

最近では、インターネット上に、ブリーダーと飼い主をマッチングさせるサイトや、保護団体や保健所の里親募集サイトなども開設されていますから、まずは情報を収集してみましょう。

複数の猫たちにそれぞれ幸せと感じてもらうには

飼っている猫同士がじゃれあって遊んでいる姿や、一緒にすやすや寝ている姿を見ていると、何ともいえない幸福な気持ちになるものです。

でも、猫の多頭飼いは、先住猫と新しい猫のどちらにも配慮が必要です。前述（158ページ）のように、猫同士で相性の良し悪しがありますから、できるだけトラブルやストレスを最小限に抑えたいものです。

また、互いの猫のパーソナルスペースを保てることが望ましいとされています。そのため、多頭飼いをするなら、猫たちが適度な距離を保てるスペースや隠れ場所、部屋数があることが理想的です。それが難しい場合は、キャットタワーを置いたり、猫が休めるようなステップを壁に複数設けたりするとよいでしょう。そうすることで垂直面の空間が広がり、猫たちの距離間が保ちやすくなります。

トイレはプライベートなスペースなので、個々に用意してあげましょう。

どんなトイレがいいかは猫の好みを尊重してください。トイレの数は通常「猫の数＋1」といわれていますが、たとえば2階建ての住まいであれば、各階に「猫の数＋1」のトイレを設置するのが理想です。

食事用の食器は、それぞれの猫に1つずつ用意します。それぞれの猫で食事の種類、食べるスピードや食べ方が異なる場合は、食事の場所を別々にしたり、高さのちがう台で逆方向を向かせながら食べさせるなど、相手の食事が目に入らないように工夫してみてください。

猫は相手が自分とちがうものを食べていると非常に気になるようです。横取りしたりすることで、栄養が偏るだけでなく、猫同士のトラブルにつながることもあるので注意が必要です。

先住猫と新入り猫を対面させるときは、いきなり接触させるのではなく、できれば部屋を分けて過ごさせましょう。

まず、他の猫たちが自由に入れない新入り猫専用の部屋をつくり、その部屋に猫にとって必要なものをすべて用意します。

新入り猫と先住猫が使ったそれぞれのタオルを交換するなど、「におい交換」をすると、猫同士がお互いを仲間として受け入れやすくなります。

先住猫もふだん通りで、新入り猫も落ち着いて食事や排泄ができるようになったら、ケージやキャリーケース越しに対面させましょう。まずは1日5分くらいからスタートして、徐々に対面時間を延ばしていきます。そして、互いに慣れてきたら、いよいよ直接対面です。猫同士を無理にくっつけようとせず、自然にまかせながら見守り、威嚇などがなければ対面時間を延ばしていきましょう。

早く仲良くなってほしいのはよくわかりますが、ここははやる気持ちをグッと抑えて「焦らず気長に」がいちばんです。猫はもともと単独の生活を好み、血縁関係がない猫同士が同じ空間で暮らすのはそう簡単ではありません。それでも猫たちがケンカをせずに、お互いにストレスなく暮らせるよう、飼い主さんはそれぞれの猫に気を配り、見守ってあげることが大切です。

もしも、このまま一緒に暮らせなくなったとしたら

引っ越しや家庭環境の変化などで、いままで一緒に暮らしていた猫と別れなければならないことがあります。やむを得ない事情があるとはいえ、最後まで猫のことを考えた責任ある行動をとりましょう。

必ずしてあげてほしいことは里親を必ず探すことです。猫や犬などの動物を捨てることは犯罪です。私は心ないニュースを見るたびに悲しい気持ちでいっぱいになります。「捨てる」という選択は絶対にしないでください。動物たちには記憶も心もあります。飼い主さんがもしも、猫と一緒に暮らせなくなりそうな状況になったら、まず親戚や友人など、身近な人に相談して、引き取ってくれる人がいないか探してみましょう。また、動物愛護団体などボランティア団体を通じて探すという方法もあります。これらの団体は、ウェブサイトで里親を募集したり、譲渡会などのイベントを開催したりしています。

SNSなどを使って、飼い主さん自身が呼びかけたり、動物病院や猫カフェなどに、里親募集のチラシを貼らせてもらうのも1つの方法です。動物病院によっては、里親が見つかるまで猫を保護してくれるところもあるので、相談してみましょう。

無事に里親が決まったら、ワクチン接種の記録やその他の証明書、猫の性格や習慣など必要な情報をすべて伝えるようにしましょう。

いまこの時点で、愛猫と離れることは考えられないかもしれません。でも、不測の事態はいつ訪れるかわからないのです。だから準備をしておくに越したことはありません。

もし、この先、愛猫と暮らせなくなるような状況になった場合、どうするのか。家族と話し合っておくことが大切です。一人暮らしの場合でも、身近で手伝ってくれそうな人を探したり、協力してもらえそうな団体を調べておくとよいでしょう。何もないことがベストですが、いざというときに猫を悲しませないためには必要なことだと思います。

PART 2 いつかくる「さよなら」のために

猫の老化は人の何倍も速い

猫は人間の何倍もの速さで成長します。生まれてから18カ月くらいまでに人間の20歳に達し、2歳で人の24歳、それ以降は人間の4倍のスピードで年をとっていくと考えられています。

7〜8歳頃からは徐々に体力が落ち始め、11歳頃からは運動能力が衰えてきます。13歳を過ぎると、目や膝、ツメなど体のあちこちに老化に伴う変化が見られるようになります。15歳以上（老猫期）になると、五感も衰え、病気の可能性も高まります。

第4章

猫の幸せ、私たちの幸せ

動物医療の発達や飼い主さんの意識の向上、キャットフードの品質向上などから、昔に比べて家猫の平均寿命は少しずつ延びていて、完全室内飼いの猫の平均寿命は前述した16・22歳です。ですから、人と猫の関係は長くて10数年というお付き合いなのです。

その間に、私たちはどれだけのことを猫にしてあげられるのでしょうか。ただ一方的にかわいがるだけでなく、暮らしの環境を整え、健康に気づかい、病気の予防や、かかってしまった病気の治療に努めること。

ご縁によって一緒に暮らすことになった猫の幸せを考えることは、そういうことだと思います。

私たちは猫からたくさんの恩恵を受けています。

「猫をなでるだけで幸せになる」。猫好きの人ならみなさん、そう感じているはずです。実際、人が猫を触っているときの脳の活性度を調べると、ネガティブな気分が顕著に減少するのだそうです。アメリカの「Journal of Vascular and Interventional Neurology」(※)に発表された調査結果では、「猫を飼っている人々の間で、心筋梗塞およびすべての心臓血管疾患（脳卒中を含む）が原因の死亡リスクが低減することが観察されたとの報告もあります。

アニマルセラピー（動物介在療法）の分野では、セラピードッグの活躍が注目されていますが、私はすべての飼い猫がセラピーキャットだと思っています。束縛されるのを嫌い、マイペースを崩さず自由に生きる猫に、人はほっとしたり、癒されたりするのではないでしょうか。

猫と人間との愛情のやりとりや猫のもつ力には、特別の「何か」があるのではないか。私にはそう思えてしかたがありません。

※ Virues-Ortega J, Buela-Casal G. Psychophysiological effects of human-animal interaction: Theoretical issues and long-term interaction effects. J Nerv Ment Dis. 2006;194:52–57.

老猫さんが穏やかに暮らせる環境とは

猫は10～12歳頃から老化が始まります。この頃から少しずつ老化対策を始めておくことが大事です。

リンパ腫、乳がん、腎臓病、糖尿病、歯周病などの病気のリスクも高くなるため、予防に努めることと、定期的な健康診断による早期発見、早期治療が対策の重要なポイントです。

猫も高齢になると、運動量が減り代謝が衰えるので、食事量の見直しや、年齢に合わせたフードに切り替えるなどの対策を考えましょう。太りやすい体質や、病歴がある猫の場合、獣医師と相談して検討するといいと思います。

ブラッシングやマッサージで日頃からよく猫の体に触れておくことも大切です。そうすることで、体に異常（しこり、腫れ、脱毛、痛がるなど）が現れたときに早く気づくことができます。年をとると関節炎などで動きが悪くなり、毛づくろいの際にも、以前は舌が届いていたのに届かなくなるということが起こるためブラッシングは大事です。

また、体も重くおっくうになるのか、遊びに誘ってもなかなか乗ってこなくなります。それでも多少の運動は必要ですから、少しでも体を動かすように手伝ってあげてください。それによって運動機能の衰えや、足を引きずるなどの異常に気づくことができます。

過度な刺激を与えないことや、住む環境を大きく変えないことも、高齢猫と暮らす思いやりです。高齢猫は、新しい刺激にはあまり興味がなく、かえって苦痛になりますから、音がうるさいおもちゃを与えたり、家に子猫を迎えたりするのは避けましょう。同様に、自分の縄張りの様子がガラッと変わるのもストレスですから、引っ越しはもちろんのこと、家のリフォームや大幅な模様替えもできれば避けたいものです。

一方、ジャンプ力が衰えて、若いときは登れた場所にも登れなくなります。猫が気に入っているソファやベッドへの導線に台を置くなどして段差を小さくしてあげるなどの配慮が必要です。また、トイレの縁がまたげなくなることもあるので、浅めのトイレ容器にかえてあげましょう。

こうして、猫が過ごしやすい環境づくりをし、猫のストレスを最小限にすることが、猫の健康と長生き、そして幸せにつながります。

いつか迎えるお別れのとき

悲しいことですが、いつかは大切な猫と「お別れ」する日がやって来ます。それでも最期まで愛情と責任を持って付き合うことが、飼い主さんの務めです。後悔しないように、家族みんなで感謝の気持ちを込めて見送ってあげましょう。

愛猫の遺体ケアをするのはつらいことかもしれませんが、しっかりとお手入れをしてあげてください。絞ったタオルなどで拭いて、よだれや目やに、耳アカなどを取り除き、きれいに清めてあげましょう。病院で亡くなった場合は、獣医師や動物看護師が遺体のケアをしてくれますから、お任せしておけば大丈夫です。

供養するまでは木箱や段ボールなどの棺を用意し、きれいな布やタオルで包んで納め、好きだったおもちゃ、花などを一緒に入れ、涼しい場所に安置します。特に暑い時期は冷房を入れ、体の周りに保冷剤を置いてあげてください。

埋葬方法は、主に「自宅の庭に埋葬する」「ペット霊園に依頼する」「自治体に依頼する」の3つです。家族で話し合い、飼い主さんの考えや事情に合わせて決めるとよいでしょう。

［自宅の庭に埋葬する］

庭に埋葬するときは、木やダンボールなど、土にかえりやすい素材でできた棺に納め、他の動物に荒らされないよう、1m以上の深さの穴を掘って埋めます。地域の条例がある場合は、そちらに従ってください。

［ペット霊園に依頼する］

ペット霊園では、葬儀後に、納骨、供養まで引き受けてくれます。葬儀の形式は、他のペットと一緒に火葬する「合同葬」、個別に火葬する「個別葬」、個別葬に立ち会える「立ち会い葬」の3つがあります。葬儀後、専用墓所に納骨され、個別葬、立ち会い葬の場合は、遺骨を持ち帰ることもできます。
費用の目安は、合同葬が1万円前後、個別葬が2〜3万円、立ち会い葬が4万円前後で、納骨にも別途料金が必要になります。

［自治体に依頼する］

自治体によって対応はさまざまなので、問い合わせてみましょう。ペット専用の火葬場がある場合や、提携のペット霊園などが火葬するケースもあれば、有料ごみとして焼却炉で燃やされるケースもあります。

最後のお別れは、やり直しがききません。見送った後で後悔することのないように、十分な下調べが望まれます。
家族の一員である愛猫とのお別れは本当につらいものです。けれども悲しみに暮れても旅立った猫はもどってきません。どの飼い主さんも、時間をかけながら愛猫の死を受け入れています。ときには思いっきり泣くこともたいせつです。

どうぞ、つらい気持ちは一人で抱え込まないでください。忘れることはできなくても、いつか幸せな、大切な思い出だったと思える日が来るのを待ちましょう。

愛しい猫と一緒に暮らせるのは約13年から15年くらいほど。寿命の長い猫でも20年ほどではないでしょうか。猫はある日私たちの前に現れて、私たちよりも先にこの世を去ってしまうのが運命なのです。

「猫は神さまからの預かりもの」だと言う人もいます。だから、いつかは天にお返ししなくてはならないのです。

人間と同様に猫も老いの先に、必ずその日はやってきます。その日、心からの感謝と「さようなら」を言えるようういつも愛情を忘れず、猫ちゃんとみなさんが一日でも長く、一緒に幸せな日々を送れることを願っています。

服部 幸

Hattori Yuki

「東京猫医療センター」(東京都江東区)院長。「ねこ医学会(JSFM)」CFC理事。2005年から猫専門病院長を務める。2012年に東京猫医療センターを開院し、翌2013年、国際猫医学会(ISFM)からアジアで2件目となる「キャット・フレンドリー・クリニック」のゴールドレベルに認定された。主な著作に『猫の寿命をあと2年のばすために』(トランスワールドジャパン)、『ネコにウケる飼い方』、『ネコの本音の話をしよう』(ワニブックスPLUS新書)、監修に『猫が食べると危ない食品・植物・家の中の物図鑑』(ねこねっこ)などがある。新聞・雑誌の監修やTV・ラジオ出演も多数。

STAFF

イラストレーション —— 鹿又きょうこ
装　丁 —— アルビレオ
DTP —— 株式会社三協美術
編集協力 —— 山田ゆう子
校正 —— 新名哲明
編集長 —— 山口康夫
担当編集 —— 加藤有香

猫《ねこ》に愛《あい》される人《ひと》になる

2023年2月11日 初版第1刷発行

著　者　**服部 幸**

発行人　山口康夫

発　行　株式会社エムディエヌコーポレーション
〒101-0051 東京都千代田区神田神保町一丁目105番地
https://books.MdN.co.jp/

発　売　株式会社インプレス
〒101-0051 東京都千代田区神田神保町一丁目105番地

印刷・製本　中央精版印刷株式会社

［カスタマーセンター］

造本には万全を期しておりますが、万一、落丁・乱丁などがございましたら、送料小社負担にてお取り替えいたします。お手数ですが、カスタマーセンターまでご返送ください。

● **落丁・乱丁本などのご返送先**　〒101-0051 東京都千代田区神田神保町一丁目105番地
株式会社エムディエヌコーポレーション カスタマーセンター
TEL：03-4334-2915

● **書店・販売店のご注文受付**　株式会社インプレス 受注センター
TEL：048-449-8040／FAX：048-449-8041

● **内容に関するお問い合わせ先**
株式会社エムディエヌコーポレーション カスタマーセンター メール窓口
info@MdN.co.jp

本書の内容に関するご質問は、Eメールのみの受付となります。メールの件名は「猫に愛される人になる 質問係」とお書きください。電話やFAX、郵便でのご質問にはお答えできません。ご質問の内容によりましては、しばらくお時間をいただく場合がございます。また、本書の範囲を超えるご質問に関しましてはお答えいたしかねますので、あらかじめご了承ください。

ISBN 978-4-295-20483-1　C0077